古建奇谈

古建环游记

遗介 组编

机械工业出版社
CHINA MACHINE PRESS

这是一本趣味性强、可以互动的青少年古建筑科普读物。全书共12章，从古建筑诞生记开始讲起，紧接着详解民居、宫殿、坛庙、陵墓、园林、石窟寺、塔、桥梁和城墙等9类建筑，然后全方位展示一座古建筑如何建成，最后带领小读者们了解古建筑的保护与利用。

　　本书的一大特色是结合了数字化技术，让古建筑读物极具互动趣味性。小读者们可以使用手机等智能设备与书中的古建筑互动，古建筑将会以三维动态形式带领小读者们置身于古建筑之中，让阅读更加生动有趣。

　　本书不仅适合对古建筑充满好奇与兴趣的读者，也适合作为学校和学习机构的古建筑教材。希望这本书可以帮助小读者们了解古建筑，开启探索古建筑与文化遗产魅力的旅程！

图书在版编目（CIP）数据

古建奇谈：古建环游记 / 遗介组编 . —北京：机械工业出版社，2025.7.
ISBN 978-7-111-78782-2

Ⅰ．TU-092.2

中国国家版本馆 CIP 数据核字第 2025Z67X63 号

机械工业出版社（北京市百万庄大街22号　邮政编码100037）
策划编辑：时　颂　　　　　　　　责任编辑：时　颂
责任校对：孙明慧　杨　霞　景　飞　封面设计：鞠　杨
责任印制：常天培

北京联兴盛业印刷股份有限公司印刷
2025年8月第1版第1次印刷
210mm×285mm·9.25印张·2插页·240千字
标准书号：ISBN 978-7-111-78782-2
定价：99.00元

电话服务　　　　　　网络服务
客服电话：010-88361066　机工官网：http://www.cmpbook.com
　　　　　010-88379833　机工官博：http://weibo.com/cmp1952
　　　　　010-68326294　金 书 网：www.golden-book.com
封底无防伪标均为盗版　机工教育服务网：www.cmpedu.com

古建环游记，出发咯!

亲爱的小小探险家们!

呜——呜——呜——你听到引擎声了吗?没错,这就是我们的"古建环游记"号环游器!我是你们的领航员,快系好安全带,我们要开始一场超酷的古建筑大冒险啦!

想知道原始人是怎么用树枝搭出第一个"家"的吗?想闯进紫禁城里看看屋顶上的小神兽排排站吗?想解开千年木塔在狂风暴雨中"跳舞"却不倒的秘密吗?想钻进神秘的回音壁,听听古人的悄悄话吗?在这本书里,这些统统都能实现!

我们的环游器装备超神奇!

故事导航仪 会在每章开头带领我们冒险,指引你钻山洞、爬高塔、飞渡虹桥!

雷达解谜器 悄悄告诉你古桥抗洪水、陵墓藏机关、榫卯造房子的古建筑硬核知识,在环游冒险中长见识!

动图魔法卡 这里有二维码,扫描后会让古建筑"活"起来——紫禁迷城、石窟秘钥、城防奇局,甚至"走进"虚拟宫殿!

全景瞭望窗 带你看古建筑里的闪光琉璃、翩翩飞天、如画园林,每一页的照片都美得像穿越!

准备好你的好奇心了吗?这趟旅程,我们将一起前往十二个站点——从温暖的小家到宏伟的宫殿,从神秘的陵墓到梦幻的园林……最后,我们还要回到现代,看看聪明的文物古建保护师们如何保护这些"会说话的古建筑"!

古建筑是活着的史书,藏着无数等待我们去破解的密码!现在,你就是我们"拯救古建筑计划"的小小新成员啦!

快!翻到下一页,我们的环游器马上就要点火升空了!出发!

你的领航员 骆凯

2025 年 2 月 4 日

古建环游记，出发咯！

第1章

穿越时空的古建筑

1 古建筑诞生记——原始人的家

2 古建筑"面容识别"

3 趣味思考：古建筑屋顶为什么是曲线的？

　　各位小读者，欢迎与我一同乘坐环游器探索古建筑的世界！

　　看！一群身披兽皮的原始人在山崖挖洞，这就是穴居的萌芽。在另一地方还有原始人正用树枝和藤蔓编织窝棚，像搭积木一样把树干交错叠放。这就是最早的巢居！看来在这里我们马上就能找到穴居和巢居的建造秘密啦！

　　请坐稳，我们出发！

1 古建筑诞生记
——原始人的家

很久很久以前的旧石器时代，人类还未掌握建造房子的技术，天然的洞穴是他们唯一的选择。这些洞穴虽然能遮风挡雨，但里面又黑又潮湿，还常常有野兽出没。人类慢慢地学着用简单的工具，把洞穴改得更像一个家。这就是最早的房子。

北京周口店山顶洞遗址考古发现，当时的山顶洞人就生活在天然洞穴中。

山顶洞居模型（中国国家博物馆馆藏）

在黄土崖或陡坡上向内挖洞

挖成横向洞穴，形成"横穴"

断崖上的横穴

坡地上的横穴

扎结成形的活动顶盖——屋的萌芽

袋形竖穴

枝叶、茅草的临时遮掩

袋形竖穴

横穴、竖穴

穴居的故事

后来，人们不再满足于住在洞穴里，开始动手自建房子。北方的人们发现可以在黄土崖上挖洞，造出和洞穴一样的房子，后来的人们将它叫"横穴"。

找不到合适黄土崖的人们只能在平地上挖坑，再盖上树枝和草，做成"竖穴"。竖穴使用中他们发现又暗又冷，底部潮湿，进出不便，于是人们思考：如果把竖穴挖浅一点，上面用树枝和草搭个顶棚，就避免了进出不便、地面潮湿的问题，于是半地穴建筑应运而生。

这种半地穴建筑既暖和又方便，比之前的地穴好多了！距今6000—6700年的半坡遗址（位于今陕西西安）多为地穴或半地穴建筑。

出风口
地面
半地穴建筑
出入口
半坡建筑复原模型（中国国家博物馆馆藏）

随着使用工具能力的提升，人们逐渐掌握了搭建顶棚和泥土筑墙技术，屋顶和墙体独立成型，共同形成了"木骨泥墙"这样的"避风雨、御寒暑"的建筑。

木骨泥墙模型（中国国家博物馆馆藏）

巢居的由来

然而南方的情况截然不同。南方雨水充足、森林密布，生存环境危险重重。为了躲避野兽和洪水灾害，人们学着鸟类在树上"筑巢"。

独木巢居

一开始，人们只掌握在一棵树上搭房子的技能，后人将这种形式叫"独木巢居"。

后来，人们发现在几棵树之间搭房子，空间会更大，住起来更舒服，于是就有了"多木巢居"。

多木巢居

再后来，人们学会了在地面上竖起木桩代替天然的大树，在木桩上搭房子代替原来的巢居，人们将巢居从树上搬到了地上，形成了干栏式建筑，这种建筑形式非常适合南方潮湿的环境。

在浙江的河姆渡遗址（距今 7000—5000 年前）和如今的南方少数民族地区，都可见干栏式建筑。

河姆渡遗址干栏式建筑模型

2 古建筑"面容识别"

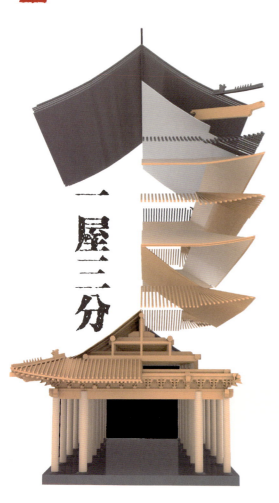

一屋三分

辨识大屋顶

屋顶是古建筑中最有趣的部分之一。它们不仅形状各异，还藏有很多秘密呢！

在中国古代，屋顶的样式是有等级的。重檐庑殿顶是最高等级，故宫太和殿用的就是两层的庑殿顶。歇山顶次之，悬山顶和硬山顶则更常见于普通民居。这种等级制度反映了古代社会的等级观念，也体现了建筑的重要性。

如果屋顶是两层或者两层以上，我们通常叫作重檐屋顶，比如天坛的祈年殿就是三重檐的屋顶。重檐屋顶的"重檐"，可以是上下屋檐平面相同的，也可以是上下屋檐平面不同的。重檐屋顶的等级要高于单檐的屋顶。

"凡屋有三分：自梁以上为'上分'，地以上为'中分'，阶为'下分'。"

——北宋《木经》喻浩

屋顶——古建筑的"帽子"

屋顶是古建筑最显眼的部分，就像巨人的帽子。屋顶的形状和装饰可以告诉我们很多信息。

屋身——古建筑的"身体"

屋身是古建筑的"身体"，包括墙壁、门窗和柱子。墙壁可以是砖砌的，也可以是木头的；门窗有各种各样的形状和装饰；柱子则像巨人强壮的腿，支撑着整个房子的重量。屋身的设计不仅影响建筑的美观，还影响建筑的坚固程度。

台基——古建筑的"鞋子"

台基是古建筑最下面的部分，就像巨人的鞋子。台基可以防止地面的潮气侵蚀房子，还能让房子看起来更高大、更气派。台基的高度和材料也反映了建筑的等级。比如，宫殿里的台基通常很高，用石头砌筑，显得非常庄重。

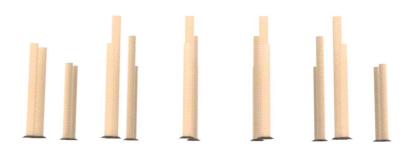

"一屋三分"

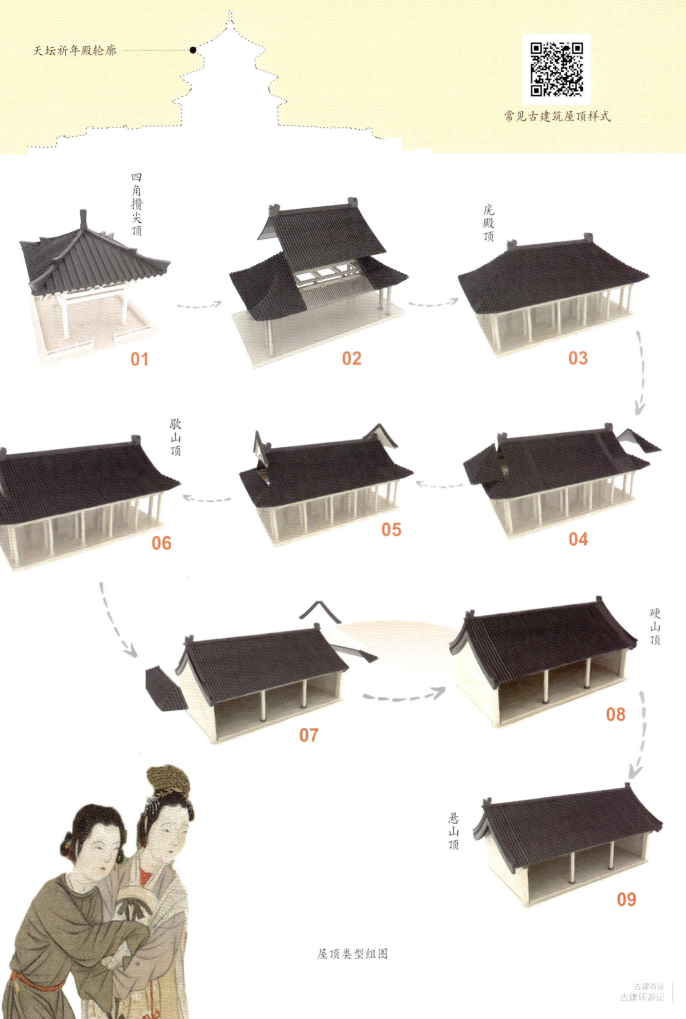

天坛祈年殿轮廓

常见古建筑屋顶样式

四角攒尖顶

01

02

庑殿顶

03

歇山顶

06

05

04

07

08

硬山顶

悬山顶

09

屋顶类型组图

庑殿顶：最尊贵的屋顶
（wǔ）

庑殿顶有五条脊，四个斜坡面。它是中国古建筑屋顶中的最高等级，就像皇冠一样。庑殿顶的历史也很悠久，早在殷商时代就有了。不过，唐中期以前的庑殿顶具体结构已经很难考证了，宋代称为"吴殿顶"，也称为"四阿殿顶"。明清时期改称为"庑殿顶"。现在我们看到的很多庑殿顶建筑都是明清时期的，比如故宫的太和殿就是重檐的庑殿顶。

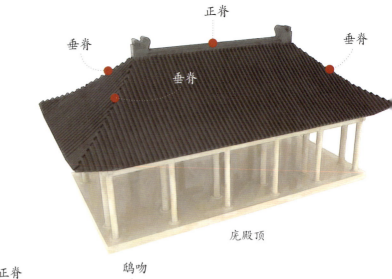

正脊
垂脊
垂脊
垂脊

庑殿顶

重檐庑殿顶
正脊
鸱吻
垂脊
十个蹲兽
垂脊

北京故宫太和殿

歇山顶：仅次于庑殿顶的屋顶

歇山顶有九条脊，四个坡面，看起来很壮观。它比庑殿顶低一个等级，但也很厉害。歇山顶最早见于汉阙石刻，当时的歇山顶较小，现在我们能看到的歇山顶外形接近唐代的歇山顶。比如我国现存最早的唐代木构建筑南禅寺大殿，就是一座唐代歇山顶建筑。歇山顶一般用在仅次于庑殿顶等级的建筑上，如宫殿和庙宇中的大殿。大家都爱的北京天安门，就是重檐歇山顶。

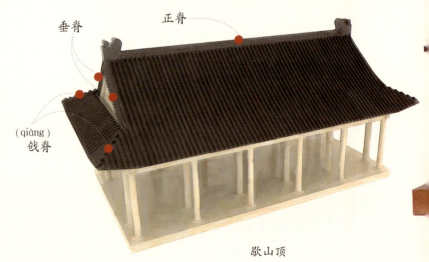

垂脊
正脊
（qiàng）
戗脊

歇山顶

悬山顶：屋顶悬在山墙外

悬山顶有五条脊，屋顶两侧悬在山墙外，就像两个翅膀一样。悬山顶的建筑等级比较低，多见于民间，或在庙宇、宫殿建筑群中的附属建筑上使用。它的特点是屋顶两侧没有山墙遮挡，直接暴露在外面。这种设计虽然简单，但很实用，尤其是在南方，能很好地防止雨水侵蚀。

垂脊　正脊　垂脊

悬山顶

小知识 **悬山顶**是两面坡屋顶的早期做法，宋代时称为"不厦两头造"，清代时称为"悬山""挑山""出山"。

悬山顶

硬山顶：屋顶与山墙"硬接"

硬山顶的山墙和屋顶直接相交，看起来很"硬"。硬山顶是最常见的屋顶形式，很多住宅、寺庙和园林建筑都用这种屋顶。它的优点是结构简单，建造成本低，所以被大范围使用。

沈阳故宫崇政殿硬山顶

戗脊　垂脊　正脊　鸱吻

唐代南禅寺模型（中国国家博物馆馆藏）

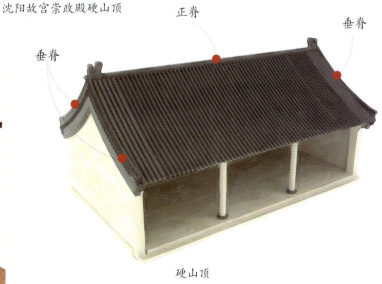

正脊　垂脊
垂脊

硬山顶

（cuán）

攒尖顶：顶端是一个尖尖的宝顶

　　攒尖顶的顶端是一个尖尖的宝顶，没有正脊。它的平面形状可以是圆形、四角形、六角形或八角形等，看起来很优雅。攒尖顶能够用在与上天发生关联的重要建筑中，比如天坛的祈年殿、故宫的中和殿等。我们更常见到的是攒尖顶被用于亭、阁、塔等小型建筑。

宝顶

七个脊兽

垂脊

攒尖顶

故宫中和殿的攒尖顶

卷棚顶：没有正脊的屋顶

　　卷棚顶没有正脊，正脊处是弧线形的曲面，看起来很柔和，给人一种轻盈、优雅的感觉，非常适合园林建筑，所以常用于园林中的廊子等建筑。如北京颐和园中的谐趣园、北海公园的静心斋、画舫斋等小园林中，建筑的屋顶形式多为卷棚顶。

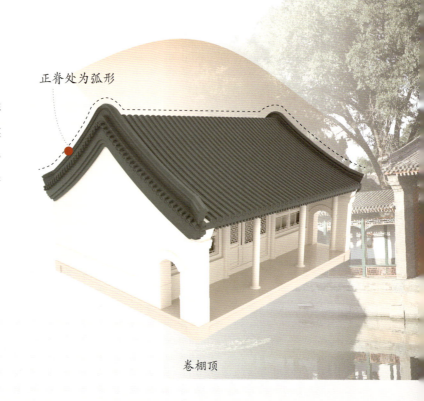

正脊处为弧形

卷棚顶

3 趣味思考：
古建筑屋顶为什么是曲线的？

古建筑的屋顶曲线，尤其是飞檐，不仅是为了美观，还蕴含了丰富的实用功能和美学意义。

首先，飞檐的曲线设计能有效排水，防止雨水积聚在屋顶上，同时还能引导风向，减少强风对建筑的冲击。南方的飞檐通常更翘，因为那里雨水多，需要快速排水；北方的飞檐则相对平缓，以适应多风的气候。

其次，你有没有感觉飞檐的曲线像展翅的鸟，轻盈灵动，给人一种向上飞扬的感觉。这种设计不仅让建筑显得更加优雅，还体现了古人对自然的模仿与敬畏。

此外，飞檐的设计还与中国古代的"天人合一"思想有关。屋顶的曲线象征着天穹，而建筑的台基象征着大地，中间的屋身则代表人。这种"三分结构"体现了古人对宇宙的理解。

最后从结构来看，飞檐的曲线是通过榫卯技术和古建筑木构举架的搭接实现的。这些木构件不仅支撑了屋顶的重量，还让飞檐能够轻盈地向外延伸，形成优美的曲线。可以说，飞檐是古人智慧与艺术的完美结合！

北海公园的画舫斋镜香室

第2章

有人之境

1　民居是什么？

2　环游四合院

3　趣味思考：各地民居为什么不一样？

环游器穿越一片青砖黛瓦之上的云雾——第二站"有人之境"到啦！

看！高低错落的屋檐像海浪一样起伏，墙上雕着花窗，这里藏着千家万户的生活密码。圆圆的土楼像极了我们环游器的发射井，山林里的竹楼踩着"高跷"，四合院方方正正如棋盘……这些全是中国人生活的"魔法盒子"！

快转动旋钮，我们一起去看看这些"魔法盒子"到底有什么魔力？

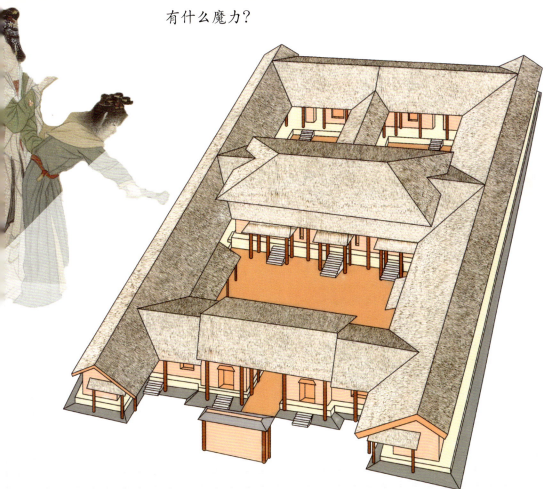

半坡聚落模型（中国国家博物馆馆藏）

1 民居是什么？

民居是老百姓的住所，体现了劳动人民高超的智慧，中国各地民居历经数千年的积累，成为中国大地上最繁多、最丰富的建筑类型。

民居的故事

原始人时期，工具和材料还比较匮乏，有的人模仿自然洞穴，在地上挖洞，即为"穴居"；有的人模仿鸟类在树上"筑巢"，即为"巢居"。

陕西岐山凤雏村周代四合院遗址复原图

夏商周时期，北方人在原始的夯土墙基上建造起木头的梁架，院落就出现了。考古学家在陕西岐山凤雏村发现了我国现知最早、最严整的四合院遗址，合院式住宅在这个时期初具雏形。

秦汉时期合院形式多样化，有三合院、"L"形院、"口"字形院、"日"字形院等。

东汉明器坞堡模型（中国国家博物馆馆藏）

唐代实行里坊制度，住宅被墙环绕，为了便于管理，每天晚上都要按时关闭坊门。而达官贵人的住宅十分豪华，不仅院连着院，侧院还有园林、菜地、果园等，虽在城里，却能过着世外桃源的生活。

敦煌壁画中的四合院形象

《清明上河图》中的民居（故宫博物院藏）

宋代取消了封闭的里坊制，城市的街道变得繁华热闹，临街出现了前店后宅的商铺民居。也有人为了增加居住面积，把院落的回廊改为了廊屋，甚至二层小楼。乡村里的庭院布置也更灵活多样。我们可以在《清明上河图》和《千里江山图》等古画中找到这些灵活布置的住宅影子。

明清时期人口迅猛增长，城市里的住宅越来越多，人口迁移和文化交融带来多样的民居形式。我们现在的民居大多是这个时期保留的。北方民居格局紧凑，南方民居建筑秀雅，西南民居多是底层通透的干栏式。少数民族的民居如蒙古包、藏族碉房等，更是各具特色！

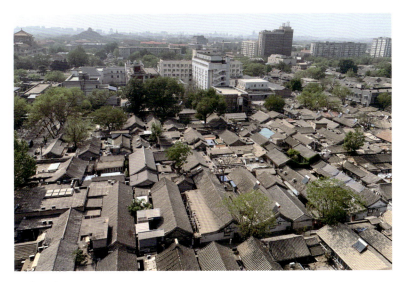

北京如今的四合院

民居大家族

民居建筑反映了不同地区老百姓的生活场景，如果从建筑特征、自然气候、地域文化多角度分类的话，我国的民居主要可分为合院式民居、厅井式民居、土楼民居、窑洞民居、特色民居等。

两进四合院模型（史家胡同博物馆馆藏）

合院式民居

合院式民居最显著的特点就是房子和院墙围成了方形的院落，一般是房子墙体在外、院落在内，任外部飞沙走石，院子里却风平浪静！最具代表性的就是北京四合院。

江南厅井式民居

江南地区气候炎热潮湿，和北方的寒冷干燥完全不同，北方宽敞的院落在这里变成了高且窄的天井，这是为了遮掩毒辣的太阳，让穿堂风顺利通过，使院子变得凉爽。在江苏、浙江、安徽等地都能看到这种形式的院落，建筑一般是二层楼，建筑间有廊道彼此连接。

小知识 江南
江南泛指苏南、皖南、浙江、苏州等地。

江南民居

南方厅井式民居

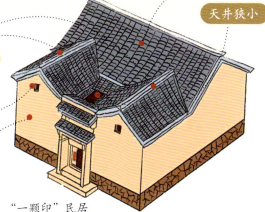

鼓浪屿 四落大厝

如果我们再往南走，天气会更加炎热多雨，出现了"敞厅窄井"的厅井式民居，如鼓浪屿的四落大厝（cuò）人们把与天井院落相对的房间全部打开，没有任何墙体围合，降温效果显著！这种民居广泛分布在南方各地区。在云南中部地区，它是双层高墙、天井很小的"一颗印"民居；在闽粤地区，它又摇身一变，沿中轴布置堂屋、两侧布置横屋，成为"堂横式民居"。

正房三间两层，较高一些

天井狭小

两厢为耳房，稍矮一些

墙身高耸封闭，窗洞小而少

整体方形如印章

"一颗印"民居

东南客家土楼

由于战乱等原因，大批中原的老百姓慢慢迁徙到南方，初来乍到，大家需要抱团取暖，他们的房子大多建成了方便互相照应且防御性好的、高墙围护的土楼。厚重的夯土墙、上面仅开小窗用于射击，可谓"铜墙铁壁"！土楼形态有圆有方，但不变的是人数众多，如福建龙岩市永定区的承启楼最多有600余人在此居住，土楼中间为祠堂，外环的多层房屋用作居住和仓储。

福建土楼

黄土高原的窑洞民居

丰富的黄土资源和干旱少雨的天气，造就了黄土高原特有的民居——"窑洞"。别看它灰头土脸，用处却不少，既能防火隔声，又能冬暖夏凉。而且经过改进，洞内各房间可横向或纵向相连，甚至在大窑一侧还可开小窑。根据地形，窑洞还可分为三种不同的形态：靠崖窑洞，地坑窑洞，平地砖砌窑洞［锢（gù）窑］。

山西窑洞

民居类型与各个地区自然条件紧密相关，除了上面所讲到的，在幅员辽阔的中国大地上还有很多其他形式的民居。西南地区有干栏式民居，游牧地区有蒙古包，新疆地区有阿以旺，西藏地区有碉房，广东地区有开平碉楼，云南地区有傣族竹楼……

蒙古包

新疆民居

开平碉楼（模型）（广东博物馆藏）

云南景迈山傣族竹楼

2 环游四合院

发展至今，北京地区形成了特色鲜明的北京四合院，因为数量众多、保存较好，成为研究民居建筑的标本。北京四合院不仅体现了明清老百姓的生活场景，因靠近皇城，也承载了很多中国传统礼制文化。

跨院

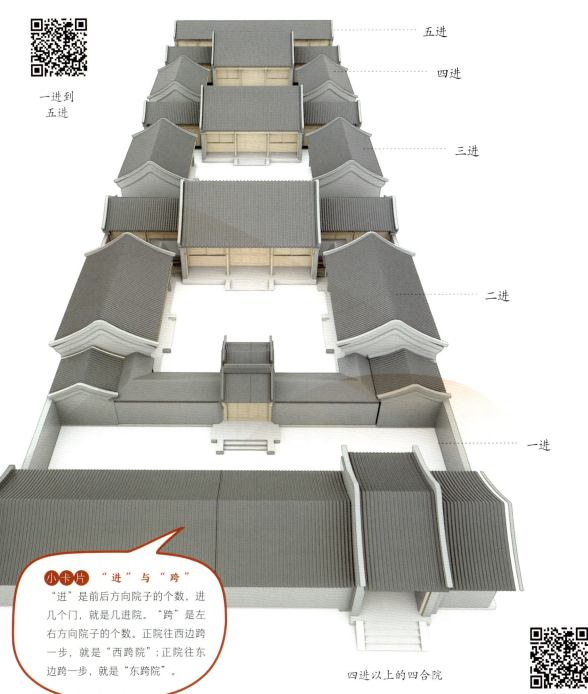

一进到
五进

五进

四进

三进

二进

一进

小卡片 "进"与"跨"

"进"是前后方向院子的个数，进几个门，就是几进院。"跨"是左右方向院子的个数。正院往西边跨一步，就是"西跨院"；正院往东边跨一步，就是"东跨院"。

四进以上的四合院

进　　　跨

四合院里的房子们

耳房

耳房位于正房两侧，就像正房的"小耳朵"，一般较小，多用作储藏。

厢房

厢房是给主人的后人居住的，位于内院两侧，一般有两座厢房正对出现。

回廊

回廊的作用是把正房、厢房、垂花门连在一起，就好像人在冬天把手臂揣进袖子、抄起双手一样，因此又称为"抄手游廊"，人可以在回廊下避雨、休息。

倒座房

倒座房位于院子最外侧，靠近大门，背向街道，因为是倒着坐的房子，所以叫"倒座房"，佣人或客人可在此居住。

后罩房

后罩房位于四合院的最后，具有很好的私密性，一般人不能到达，所以常常给家中的女儿使用。

正房

正房是院落里等级最高的建筑。它端坐在内院正中，屋顶比所有房子都高出一截，一般只有一家之主才能居住。

三进四合院建筑位置示意图

大门

大门即是四合院正式的大门，也是四合院的第一进门。大门一般是在院子的东南角，这个位置是八卦中的巽(xùn)位，人们觉得这是个生财的位置，主人将大门设在此，就是希望每天财源广进。

垂花门

只有两进及以上的四合院才有垂花门，它是四合院的第二进门，俗话说的"大门不出，二门不迈"里的二门就是垂花门，因门上的垂莲柱而得名。它的装饰越豪华，代表主人的地位就越高。

小知识 **大门的等级**

大门从外观看基本上都差不多，但也有很明确的等级划分，区分等级高低的关键就在于门扇的安装位置，按照等级高低依次为广亮大门、金柱大门、蛮子门和如意门。

院里的"小物件"

苏式彩画

门簪(zān)

砖雕

彩画

彩画是画在木构件上的装饰画。彩画主要绘制在檩条、垫板、枋子和梁头等部位，防止木头糟朽和虫蛀。四合院中多用苏式彩画，题材多为山水、人物、花鸟鱼虫等。

门簪

在门框上经常可以看见两个凸出来的小木块，这就是门簪。门簪在早期是有固定和连接作用的，汉代时期多为方形，发展到后期演变成了一种装饰物，出现八角、六角甚至花形，上面也会有"吉祥"等字样。

砖雕

砖雕是指用砖制作的雕刻，多出现在墙心、墙头、屋脊上，常见图案为松竹花鸟等。

八字影壁

门墩石

门墩石

门墩石也称为门鼓石，用来固定门框，也有装饰作用，常放置于大门的前后两侧，或者二门（垂花门）的前后两侧，由石料制作而成。

影壁

影壁有遮挡视线、保护隐私的作用，上面的雕刻还有装饰作用。一般设置在大门内部或外部，根据位置、形状等的不同，可分为"座山影壁""一字影壁""八字影壁""撇山影壁"等。

3 趣味思考：各地民居为什么不一样？

各地民居就像土生土长的本地人，体现了古代人们就地取材、顺应自然的建造智慧。在多雨地区，屋顶的坡度更大，有利于排雨水；在严寒地区，墙体厚重，起到较好的保暖作用；湿热地区底层架空，既有利于空气流动，也解决了潮湿问题。除了自然因素外，文化礼制也对民居形式产生了影响，北京四合院布局方式体现了中国传统文化的尊卑秩序，内外有别；皖南民居通过内天井实现"四水归堂"，暗合"聚气生财"理念。

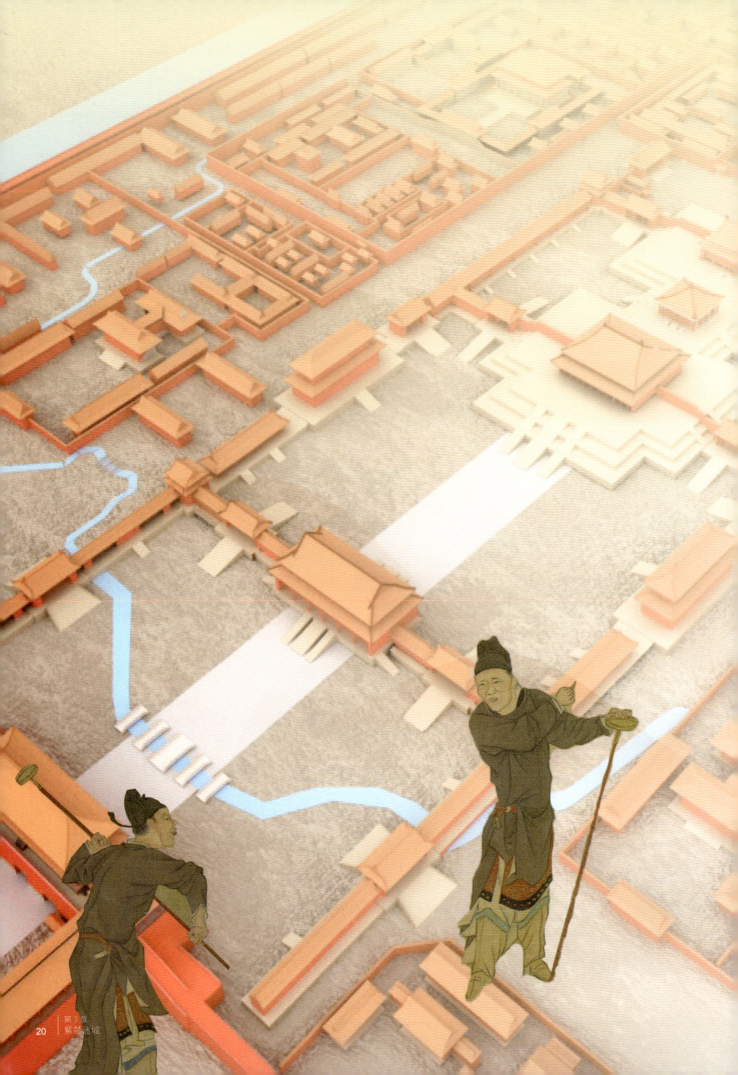

紫禁迷城

各位抓紧啦！环游器正在云层中爬升！我们将要冲进一片"天空之城"！

看！脚下有好多宏伟的宫殿建筑！这个是秦咸阳宫，那个是汉建章宫，还有唐大明宫！你们还记得什么地方有一排屋顶小神兽吗？雷达显示附近有十米高的朱红色宫墙，看，琉璃瓦像金龙鳞片一样铺满天际，这里正是藏着中国宫殿秘密的紫禁城！

我要推动引擎，穿过这条金光大道后，我们要直通明清时期的"紫禁迷城"了！

1 宫殿是什么？

最早的"宫殿"属于所有人！

在远古的新石器时代，部落里最大的房子，像今天的"社区中心"，部落成员在这里聚会、照顾老人和孩子。考古学家在半坡、姜寨等遗址中都发现过这样的"大房子"，由泥土和木头搭建，是最早的"公共建筑"。

宫殿如何变成皇帝专属？

随着社会分化，首领们住进了更华丽的房子，普通人只能住洞穴或半地下小屋，"宫殿"一词成了皇帝的专利："宫"是生活区，"殿"是办公区。从此，宫殿不仅是家，更是权力的象征。

最早的宫殿遗址——二里头遗址

有专家认为，二里头宫殿建筑群是我国迄今为止发现的最早的宫殿遗址。二里头宫殿建筑群由一圈廊子环绕，是一个东北方有缺角、100 米见方的院落。前方是大门，中后部坐落着主要建筑，东北角为厨房。大门建筑一共四个房间，房间大小不同，是守门人的栖身所。

半坡遗址"大房子"复原图
(复原依据《宫殿考古通论》)

二里头宫殿建筑复原图（复原依据《二里头遗址宫殿建筑基址初步研究》）

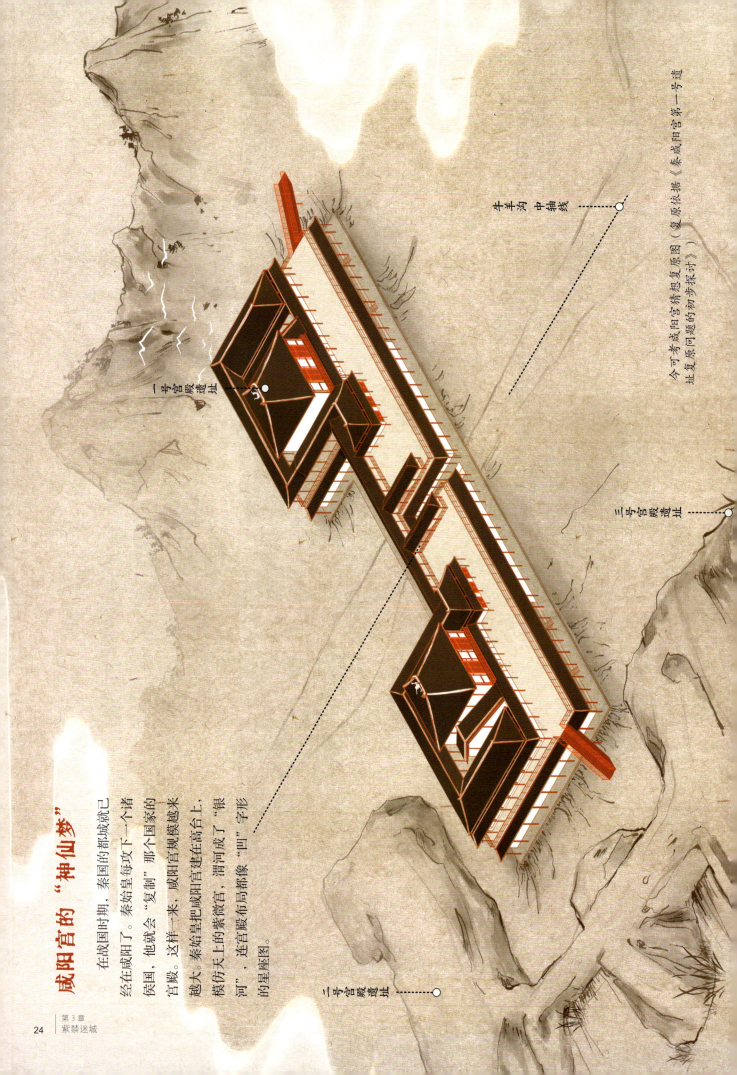

咸阳宫的"神仙梦"

在战国时期，秦国的都城就已经在咸阳了。秦始皇每攻下一个诸侯国，他就会"复制"那个国家的宫殿。这样一来，咸阳宫规模越来越大，秦始皇把咸阳宫建在高台上，模仿天上的紫微宫，渭河成了"银河"，连宫殿布局都像"凹"字形的星座图。

牛羊沟中轴线

今可考咸阳宫猜想复原图（复原依据《秦咸阳宫第一号遗址复原问题的初步求讨》）

二号宫殿遗址

一号宫殿遗址

三号宫殿遗址

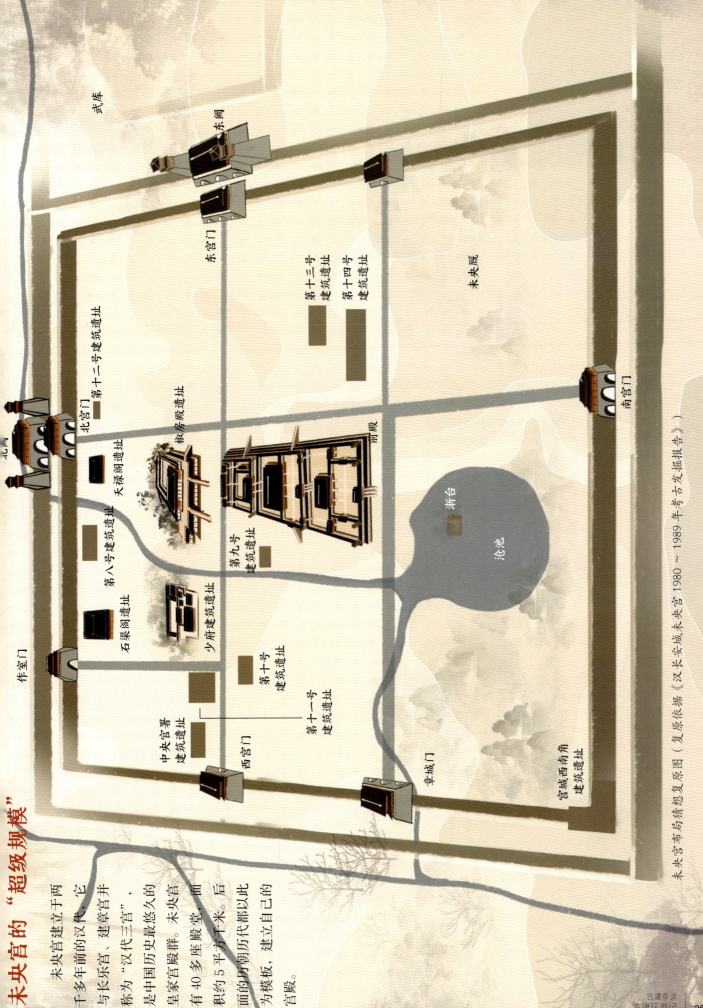

未央宫的"超级规模"

未央宫建立于两千多年前的汉代，它与长乐宫、建章宫并称为"汉代三宫"，是中国历史上最悠久的皇家宫殿群。未央宫前后有40多座殿堂，面积约5平方千米，后面的历朝历代都以此为模板，建立自己的宫殿。

武库

东阙

西阙

东宫门

第十三号建筑遗址

第十四号建筑遗址

未央厩

第十二号建筑遗址

北宫门

椒房殿遗址

天禄阁遗址

第八号建筑遗址

石渠阁遗址

少府建筑遗址

第九号建筑遗址

前殿

渐台

沧池

中央官署建筑遗址

第十号建筑遗址

第十一号建筑遗址

西宫门

作室门

章城门

宫城西南角建筑遗址

南宫门

未央宫布局猜想复原图（复原依据《汉长安城未央宫 1980～1989 年考古发掘报告》）

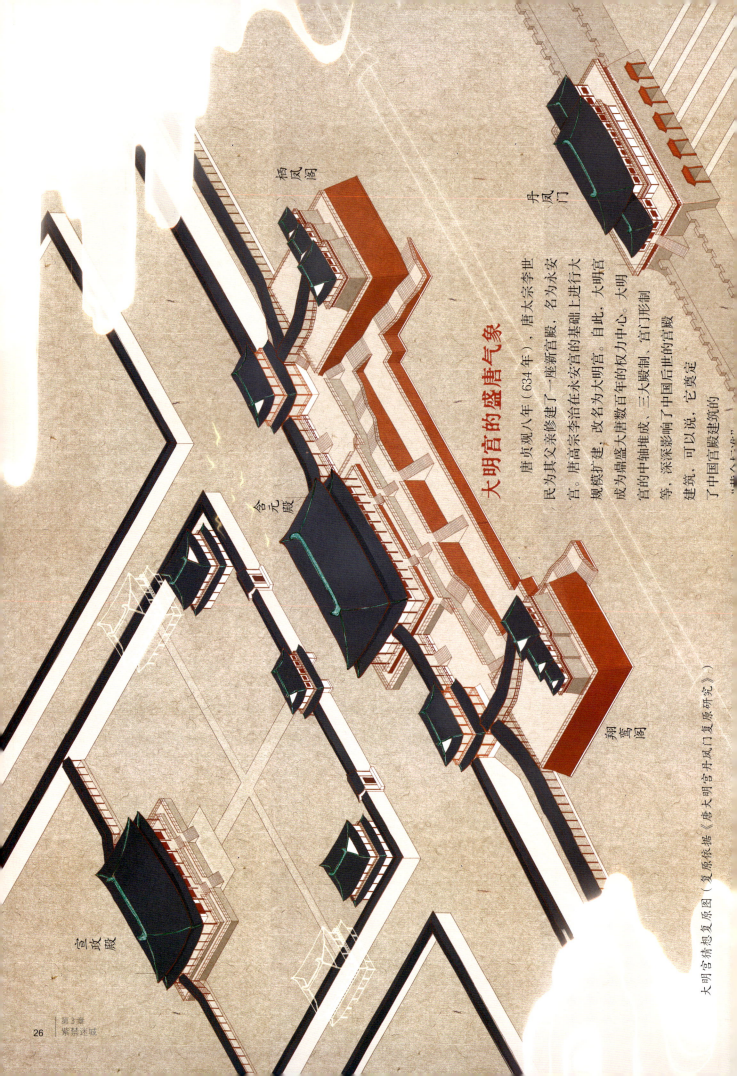

大明宫的盛唐气象

唐贞观八年（634年），唐太宗李世民为其父亲修建了一座新宫殿，名为永安宫。唐高宗李治在永安宫的基础上进行大规模扩建，改名为大明宫。自此，大明宫成为鼎盛大唐数百年的权力核心。大明宫的中轴线堆成，三大殿制、宫门形制等，深深影响了中国后世的宫殿建筑。可以说，它奠定了中国宫殿建筑的"帝王之范"。

栖凤阁

含元殿

翔鸾阁

丹凤门

宣政殿

大明宫清想复原图（复原依据《唐大明宫丹凤门复原研究》）

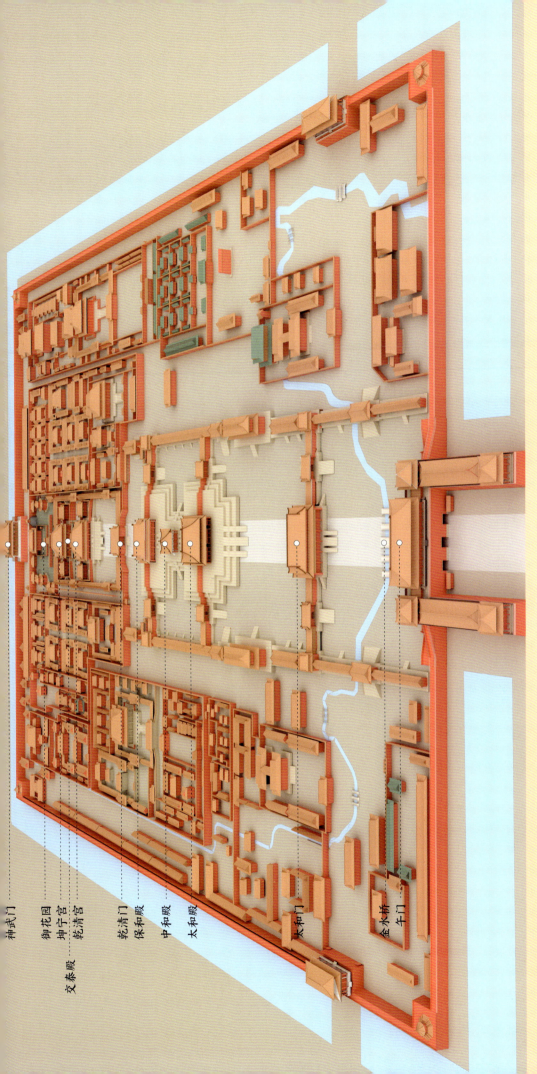

故宫鸟瞰示意图

神武门
御花园
坤宁宫
交泰殿
乾清宫
乾清门
保和殿
中和殿
太和殿
太和门
金水桥
午门

2 紫禁迷城知多少

紫禁城是明清两代皇帝的"办公室"和家，今为北京故宫博物院，距今已经 600 多岁了。

明永乐四年（1406 年），明成祖朱棣开始建造这座宫殿，为此他征集了大批南方的工匠，用了 14 年的时间，才完成这一伟大工程。

清入关后，仍选择紫禁城作为政治中心，并不断完善。如今的紫禁城，是世界上现存规模最大、保存最完整的木结构宫殿建筑群。

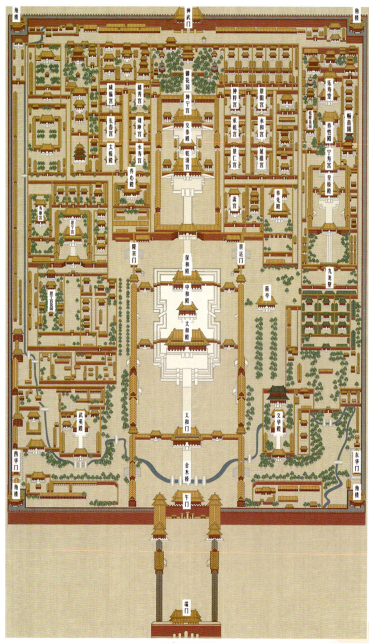

故宫平面图

宫殿的最终格局
中轴对称与前朝后寝

　　故宫的布局有两大特点，中轴对称与前朝后寝。

中轴对称

　　中轴对称是宫殿建筑布局的重要特点之一，指的便是重要建筑排列在中轴线上，中轴线犹如一条笔直的"巨龙脊柱"，南北贯穿。次要建筑则排列在中轴线的两旁。

前朝后寝

　　朝就是朝堂，是皇帝的"办公室"。寝就是寝居，是皇帝和其家庭成员的"温馨家园"。前朝后寝规定了帝王举行朝会的建筑在前，帝后起居生活建筑在后。

故宫的建筑区分

前朝礼制建筑

前朝根据布局制式是承担国家仪式的建筑群，最主要的是三大殿和文华殿、武英殿等，它们被用来举办国家典礼和重要仪典。

内廷建筑

内廷建筑，是供皇帝及家庭生活起居的建筑群，主要是后三宫和东西两侧的嫔妃宫殿群。这些建筑的体量及氛围更适合居住生活，此外还有养心殿一类便殿及供消遣的几个花园等。

特殊建筑

除前朝后寝建筑外，故宫还有众多各类功能的建筑被大家熟知或津津乐道。

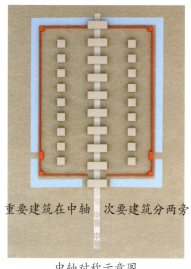

重要建筑在中轴　次要建筑分两旁

中轴对称示意图

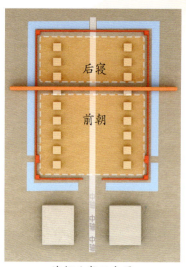

后寝

前朝

前朝后寝示意图

故宫建筑

左祖右社

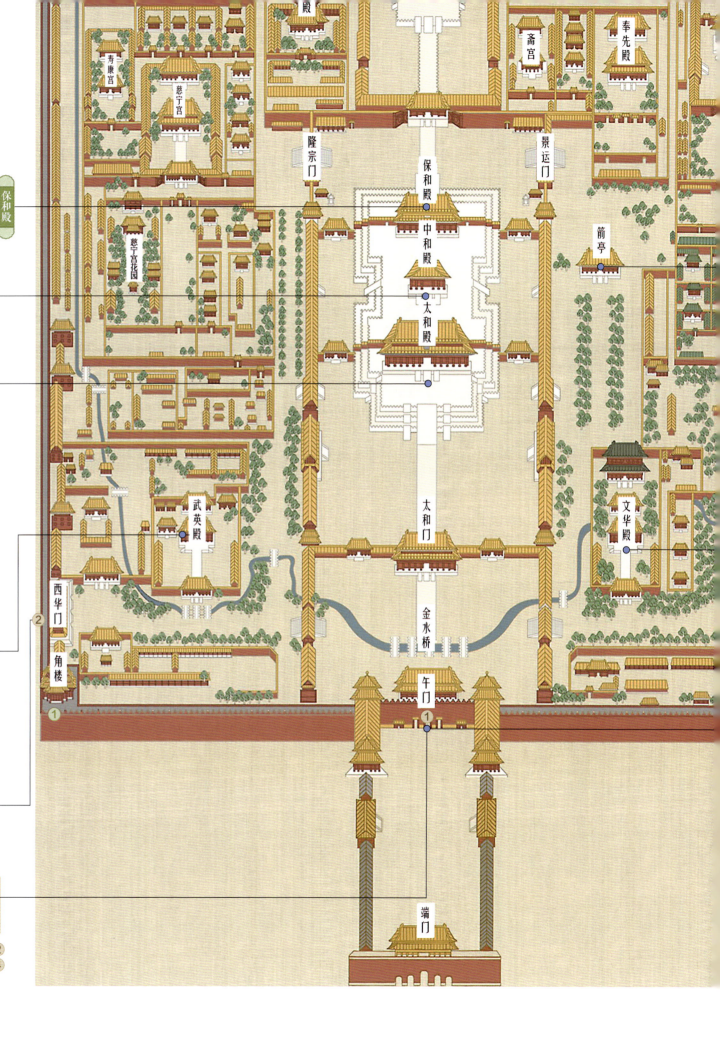

保和殿是三大殿的最后一座宫殿，位于中和殿之后，与太和殿、中和殿同在三级台基之上。明永乐十八年（1420年）初建，名为谨身殿。明嘉靖时改称为建极殿，后毁于火灾，明万历四十三年（1615年）重建。明末李自成攻入紫禁城焚火，建极殿幸免于难，清顺治二年（1645年）改称为保和殿。保和殿面阔九间，进深五间，前带廊，黄琉璃瓦重檐歇山顶，高约29米，最初是大典前皇帝更衣的场所，清乾隆后在此殿内进行科举殿试，每逢除夕等重要节日，皇帝也会在此宴请王公大臣。

保和殿

中和殿

中和殿是三大殿中间的一座宫殿，位于太和殿后，与太和殿同在三级台基之上。明永乐十八年（1420年）初建，名为华盖殿。后多次毁于火灾后重建，明嘉靖时改称为中极殿。清顺治二年（1645年）重修更名为中和殿。中和殿为单檐攒尖顶，面阔进深均三间，四周出回廊。大典前，皇帝会在中和殿休息，接受办公官员的提前参拜；此外，前往坛庙祭典前，皇帝也会在此审阅祭祀祝文。

太和殿是三大殿中的第一座宫殿，也是最重要的一座宫殿，是紫禁城中体量最大、高度最高的建筑，是皇权与政权的核心所在。明永乐十八年（1420年）初建，名为奉天殿，明嘉靖四十一年（1562年）改称为皇极殿，清顺治二年（1645年）改称为太和殿，清康熙三十四年（1695年）重建，形成如今太和殿的规模形制。太和殿下有三重汉白玉须弥座台基，面阔十一间，高达27米，与台基共35米。太和殿屋顶为黄琉璃瓦重檐庑殿顶，殿前陈设有铜龟、铜鹤、日晷、嘉量，殿前为3万多平方米的太和殿广场，可容纳万人聚集和陈列各色仪仗。太和殿用于皇帝登基、大婚、册立皇后和命将出征，每年元旦、冬至、万寿（皇帝生日）等节日时会举行重大典礼。

太和殿

午门和三大殿

武英殿位于西华门与中轴线之间，武英殿建筑群主体建筑为武英殿。明代皇帝在此斋居、召见大臣商谈政务；明末李自成攻入皇城后也在此登基；清乾隆时，此殿一度成为宫廷修书处。

武英殿

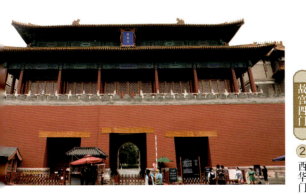

故宫四门
② 西华门

故宫四门
① ②
③ ④

故宫一共有四个门，南边的正门——午门，东门——东华门，西门——西华门，北门——神武门。

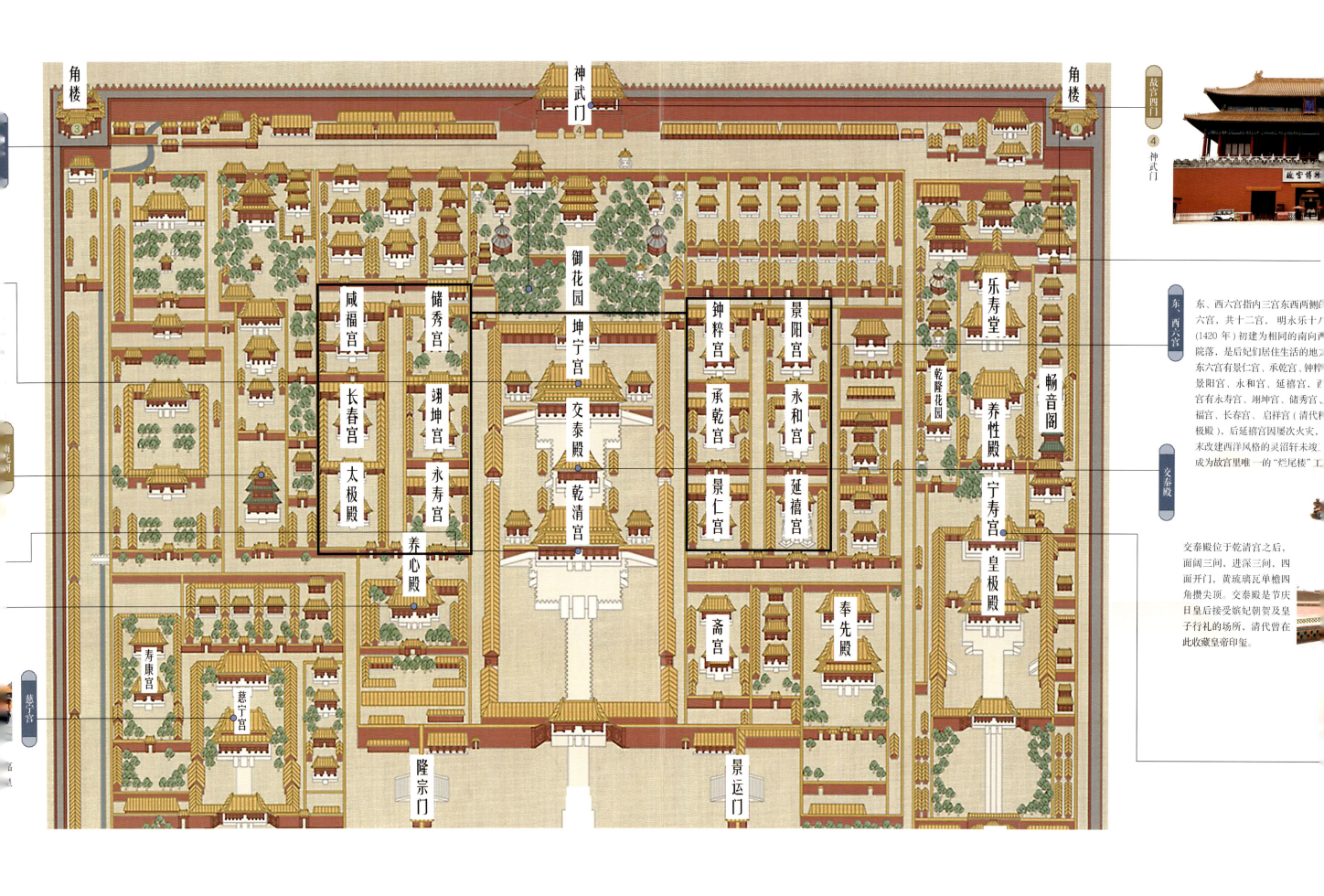

角楼③

神武门④

角楼④

御花园

坤宁宫

咸福宫　储秀宫

长春宫　翊坤宫

太极殿　永寿宫

养心殿

交泰殿

乾清宫

钟粹宫　景阳宫

承乾宫　永和宫

景仁宫　延禧宫

乐寿堂

畅音阁

乾隆花园

养性殿

宁寿宫

皇极殿

东、西六宫

交泰殿

斋宫

奉先殿

寿康宫

慈宁宫

慈宁宫

隆宗门

景运门

东、西六宫指内三宫东西两侧的
六宫，共十二宫，明永乐十八年
（1420年）初建为相同的南向四合
院落，是后妃们居住生活的地方。
东六宫有景仁宫、承乾宫、钟粹宫、
景阳宫、永和宫、延禧宫，西六
宫有永寿宫、翊坤宫、储秀宫、咸
福宫、长春宫、启祥宫（清代称太
极殿），后延禧宫因屡次火灾，清
末改建西洋风格的灵沼轩未竣工，
成为故宫里唯一的"烂尾楼"工程。

交泰殿位于乾清宫之后，
面阔三间，进深三间，四
面开门，黄琉璃瓦单檐四
角攒尖顶。交泰殿是节庆
日皇后接受嫔妃朝贺及皇
子行礼的场所，清代曾在
此收藏皇帝印玺。

箭亭

为警示八旗子弟勿忘骑射祖业,清顺治四年(1647年)皇帝建射殿,清雍正八年(1730年)改称为"箭亭"。箭亭面阔五间,进深三间,四面出廊,黄琉璃瓦歇山顶。清代皇帝与子孙在箭亭前练习骑射,清代的武状元殿试也在箭亭前的广场上举行。

文华殿

文华殿位于东华门与中轴线之间,文华殿建筑群由文华门、文华殿、主敬殿等组成。文华殿最初是太子宫,屋顶覆绿琉璃瓦;明嘉靖时,皇帝在此召见翰林学士,举行讲学,屋顶改用黄琉璃瓦;清乾隆时,殿试在此阅卷,皇帝出巡后,留京的王公大臣也会在此处理事务。

东华门

角楼

故宫四门

 3

故宫四门

3 东华门

① 午门

紫禁城的正门位于正南,即正午太阳的位置,称为"午门",平面呈"凹"字形,城台正中为重檐庑殿顶的正楼,东西庑房和阙楼相互对称,下有五个门洞,正中门洞为皇帝御路,左侧门供宗室王公出入,右侧门供文武大臣通行,在举行大型朝会时,官员依品级分别从东西掖门进入。

御花园是故宫的四大花园之一，位于故宫中轴线的北端，可通东西六宫。全园为中轴对称布局，南北长约80米，东西宽约140米，总面积约12000平方米。明永乐十八年（1420年）始建，称为"宫后苑"，清雍正起，改称"御花园"，现仍为初建时的基本格局，正中是供奉真武大帝的钦安殿院落。御花园东西两侧建筑基本对称，多为游憩或敬神拜佛用途，东侧有御景亭、摛藻堂、浮碧亭、万春亭、绛雪轩等，西侧有延辉阁、位育斋、澄瑞亭、千秋亭、养性斋等。园内古树奇石甚多，地面各色卵石镶拼几百幅铺装图案。东北角的堆秀山为园中制高点，每逢重阳，皇帝与皇后等会在此登高望远。

坤宁宫位于交泰殿之后，是内三宫的最后一座宫殿，面阔九间，进深五间，黄琉璃瓦重檐庑殿顶，明永乐十八年（1420年）始建，后重建多次，清顺治十二年（1655年）依沈阳清宁宫格局改造。明代皇后居住在此，清代用作皇帝婚房及萨满教祭神场所，变成了名义上的皇后寝宫。

坤宁宫

乾清宫是后三宫中最重要的一座宫殿，是内廷中体量最大、最高的建筑。明永乐十八年（1420年）始建，现存为清嘉庆三年（1798年）重修。乾清宫面阔九间，进深五间，黄琉璃瓦重檐庑殿顶，宫前陈设有铜龟、铜鹤、日晷、嘉量、铜鼎等。从明朱棣到清康熙时期，都是皇帝寝宫，每逢元旦、元宵、端午、中秋、重阳、冬至、万寿节日，都会在此举行朝礼和赐宴。

雨花阁是紫禁城中最大的藏式建筑，建于清乾隆□（1744年），建筑顶部四条脊各有铜龙，仿若空中遨□内部供奉众多藏传佛教造像及金刚坛城。

乾清宫

养心殿

后三宫

养心殿是内三宫西侧的一座重要宫殿。前殿面阔三间，黄琉璃瓦歇山顶，明间和西次间出卷棚悬山顶抱厦，明嘉靖十六年（1537年）建成，清嘉庆七年（1802年）重修，最初是供皇帝临时休憩，雍正时改为办公及住宿用，同治年间两宫太后垂帘听政也在养心殿前殿。

慈宁宫是故宫西路的主要宫殿群之一，正殿为庆典所用，面阔七间，前□黄琉璃瓦重檐歇山顶，殿前出月台，寝宫后殿清代时被改建为大佛堂□靖十五年（1536年）初建，现存格局为清乾隆三十四年（1769年）改建□帝嫔妃的居所，清代为皇太后的居所。每逢元旦、冬至、皇太后生日等□皇帝率大臣在此行礼，南侧还有供皇太后消遣与拜佛的慈宁宫花园。

角楼

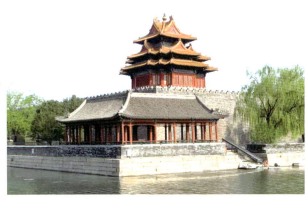

角楼位于故宫城墙的四个角，用于瞭望守备，还有一种说法是因 28 星宿中的角宿神栖息在角楼镇守紫禁城，因此得名角楼。

延禧宫

小知识

故宫四大花园是御花园、建福宫花园、慈宁宫花园、宁寿宫花园（乾隆花园）。

宁寿宫

宁寿宫是故宫东路的主要宫殿群之一，原是康熙为孝惠章皇太后专建的宫殿，于清康熙二十七年(1688 年)建宁寿门、宁寿宫、后殿等。清乾隆三十七年(1772 年)对这一区域进行彻底的改造，形成如今的格局。皇极殿面阔九间，进深五间，黄琉璃瓦重檐庑殿顶，前出月台和廊，太上皇在皇极殿接受朝贺，著名的"千叟宴"就是在此举行的，光绪时慈禧太后也在此接见外国公使。乾隆皇帝为了自己颐养天年，在宁寿宫区域修建了宁寿宫花园。宁寿宫花园又叫乾隆花园，仿照建福宫花园修建，是故宫四大花园之一。

3 屋顶神兽档案

故宫的"超级护卫队"

狸鱼，鱼身龙角，海中神兽，专职灭火。狸鱼能喷水降雨，是故宫的"消防员"。

天马，可以日行千里，追风逐日。天马有一双翅膀，代表"天马行空，无所不能"！

海马，身上有水波纹，象征着忠勇智慧，通天入海。

故宫屋顶的屋脊上蹲着一排"小神兽"，它们不仅是装饰，更是"镇宅保镖"！神兽数量越多，建筑等级越高，它们一般是奇数出现，每个小神兽都有不同的任务。太和殿有10只神兽和一个领头仙人，是故宫的"顶配天团"。

狮子，是万兽之王，威震八方，威武的"护法神"。

这些神兽最早是为了固定瓦件，防止漏水，后逐渐演变为装饰与象征的融合。太和殿的脊兽体系融合了神话、政治与实用需求，既彰显皇权威严，又体现古代工匠对建筑安全的智慧设计。这些神兽不仅是艺术杰作，更是中国古代建筑文化与等级制度的缩影。

凤，是百鸟之王，皇后的象征，预示天下太平。

骑凤仙人，是小神兽的领头"队长"，传说为齐国国君，因战败逃亡时得凤凰相助脱险，故置于首位，寓意逢凶化吉、指引方向。

龙，是皇帝的化身、所有动物的领袖，能呼风唤雨，守护江山。

畅音阁　　　　御花园　　　　九龙壁

西北角楼　　　　　　交泰殿

神武门　　　坤宁宫　　　乾清宫　　　保和殿　　　中和殿

慈宁宫　　　太和殿　　　太和门　　　午门

养心殿　　文渊阁　　文华殿　　东华门　　隆宗门　　武英殿

4 趣味思考：
为什么宫殿像折叠的纸？

对称的秘密

見，传说中食虎豹的猛兽，征百兽率从与护佑平安。常装饰于香炉，与烟火相寓意防火。

为什么以故宫为代表的古代宫殿，总是像被一把巨大的剪刀从中间剪开，左右完全对称？连屋顶的瓦片、门前的石狮子都像"复制粘贴"的一样！难道古代工匠是"强迫症患者"，还是有特殊的设计密码？

对称是"最聪明的偷懒法"。如果把宫殿的设计图对折，左右两边几乎能完美重合，这就是数学中的轴对称。古人用最省力的方法解决三大难题：首先是稳定性，对称结构就像搭积木，左右重量平衡，地震时不容易倒塌。其次是方向感：沿着中轴线走，皇帝从午门到太和殿，闭着眼睛都能找到路。最后对称会让大脑觉得"整齐舒服"。

故宫的一砖一瓦、一兽一殿，都是古人智慧的结晶。下次当你走进这座"紫禁迷城"，不妨抬头看看屋顶的神兽，踩踩御花园的石子画，感受千年历史的呼吸！

獬豸，专吃坏人，象征公平。獬豸是古代法官的偶像，它的独角能戳穿谎言！

斗牛，牛角龙身，镇水护城，防洪水。斗牛是黄河的守护神，古人认为它能镇压水怪"河伯"。

行什，雷公化身，手持金刚杵，防雷击。行什排行第十，像猴子又像雷公，全故宫只有太和殿有它！

第4章

坛庙盛境

1 坛庙是什么？
2 "声临其境"的天坛
3 趣味思考：为什么天坛的设计与圆有关？

环游器正在云层中盘旋！抓紧啦，我们要降落在坛庙盛境啦！

看！白雾缭绕中，祈年殿的蓝色琉璃瓦仿佛浮在云端。旁边有三层白玉圆台浮起来，外围的墙像画框一样框住蓝天，这就是古人和上天"打电话"的神奇装置——圜丘坛！

听，什么声音？原来是回音壁的秘密，声音会顺着圆弧跑圈。快跟我一起去凑近，听听这古代传来的美妙建筑之声。

1 坛庙是什么？

古代人如何表达对天空、大地、祖先的敬意？答案就藏在一种特殊的建筑里——坛庙。

坛庙是古人心中最神圣的"天地对话台"与"家族记忆库"。"坛"是露天的高台，专门用来祭祀太阳、月亮、山川等自然神灵，仿佛在天地间架起一座对话的桥梁；"庙"则是庄严的殿堂，供奉着帝王、祖先和英雄人物，如同一个家族的记忆宝库。

早在三千年前的周朝，《周礼》就记载了五种重要的礼仪：吉礼、凶礼、宾礼、军礼、嘉礼。其中"吉礼"专门用于祭祀，而坛庙正是吉礼的核心场所。比如北京的天坛、地坛，山东曲阜的孔庙，山西解州的关帝庙，都是坛庙的代表。

《周礼》礼制中的五礼	
分类	主要内容
吉礼	对天地、日月、山川等自然神灵及祖先、帝王、先贤的祭祀典礼
凶礼	丧礼、葬礼、致奠、探病等与丧葬、疾病等有关的礼仪制度
宾礼	帝王接见诸侯、宾客，各诸侯国之间相互交往以及君臣相处、宾朋相会的礼节仪式
军礼	命将、出师、狩猎、行军等国家军事方面的礼仪制度
嘉礼	饮食之礼、婚冠之礼、宾射之礼、飨燕之礼、脤膰之礼、贺庆之礼等具有喜庆意义及一部分用于亲近人际关系、联络感情的礼仪制度

《周礼》中的五礼

圜丘坛

坛庙建筑有哪些类？

根据祭祀对象的不同，坛庙建筑一般分为祭祀自然神祇的坛庙和祭祀人文神祇的坛庙两种。

祭祀自然神祇的坛庙	
祭祀自然神祇的坛庙用于祭祀包括天、地、日、月、山、川、风、雨、雷、电、星、辰、农、桑等方面的神灵，例如天坛、地坛、日坛、月坛、先农坛、先蚕坛、社稷坛等	
祭祀人文神祇的坛庙	
祖先宗庙	先贤祠堂
用于祭祀祖先和帝王，包括帝王宗庙以及平民家祠等，例如太庙等	用于祭祀先贤名人、功臣名将等，例如文庙、武庙等

名称	功能		名称	功能
九坛	天坛 — 皇帝祭天,祈求风调雨顺	八庙	太庙	皇帝祭祀祖先的皇家宗庙
	地坛 — 祭祀土地神,祈求五谷丰登		孔庙(文庙)	祭祀孔子及儒家先贤
	日坛 — 祭祀太阳神,春分迎日		历代帝王庙	祭祀历代帝王与功臣名将
	月坛 — 祭祀月亮神,秋分祭月		奉先殿(故宫内)	皇宫内供奉祖先牌位的场所
	先农坛 — 祭祀农神,皇帝亲耕劝农		传心殿	皇家讲学、祭祀先师先圣
	先蚕坛 — 祭祀蚕神,皇后主持亲蚕礼		寿皇殿(景山内)	供奉清代皇帝画像与遗物
	社稷坛 — 祭祀土地神与五谷神		雍和宫	藏传佛教寺庙,祈福诵经
	太岁坛 — 祭祀太岁星君(木星),祈福避灾		堂子(已无存)	满族萨满教祭祀天神、祖先
	祈谷坛 — 孟春祈谷,祈求丰年			

天坛与地坛

在北京南北相望,皇帝在此分别祭祀上天与大地。

祈年殿

地坛拜坛

日坛与月坛

在北京东西相望，这里祭祀着古人最原始的日月信仰。

月坛具服殿正殿

社稷坛

坛内有代表不同方位的五色土，皇帝在这里祭祀太社与太稷，祈祷国家社稷永固。

太庙

太庙是皇帝的家庙，这里供奉帝王家族的历代祖先牌位。

太庙享殿

历代帝王庙

与太庙不同，历代帝王庙是中华君主的群星纪念馆，供奉着不同朝代的帝王和功臣名将。

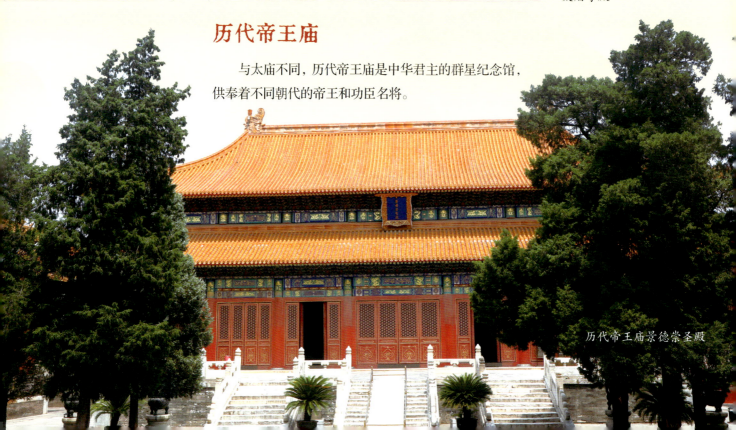

历代帝王庙景德崇圣殿

2 "声临其境"的天坛

天坛的布局

天坛占地面积约 273 万平方米，整体由两层坛墙分为内坛和外坛两部分，外坛的围墙南方北圆，像一枚巨大的"天地印章"，暗藏古人"天圆地方"的宇宙密码。

这座建于明朝永乐十八年（1420 年）的巨型建筑群，曾是明清两代皇帝祭天、祈谷的"国家大舞台"。1961 年，它戴上"全国重点文物保护单位"的勋章；1998 年，又被联合国教科文组织列入世界文化遗产名录，成为全人类共同守护的文明瑰宝。

社稷坛

"天圆地方"示意图

天坛的南北向轴线位于整个天坛中线偏东的位置，将天坛整体分为东、西两部分，主要建筑沿南北轴线布置；其中内坛又被位于皇穹宇北侧的东西向横墙分为南、北两部分。

天坛的主要建筑集中在内坛范围，包括北侧举行祈谷礼的祈年殿建筑群和南侧进行祭天活动的圜（yuán）丘坛和皇穹宇建筑群，西侧则是斋宫建筑群，外坛西侧还有专为祭祀演奏大典乐舞的神乐署建筑群。

① 皇乾殿
② 祈谷坛
③ 丹陛桥
④ 皇穹宇
⑤ 圜丘坛
⑥ 斋宫
⑦ 神乐署
⑧ 神厨、神库
⑨ 宰牲亭
⑩ 牺牲所
⑪ 钟楼

天坛示意图

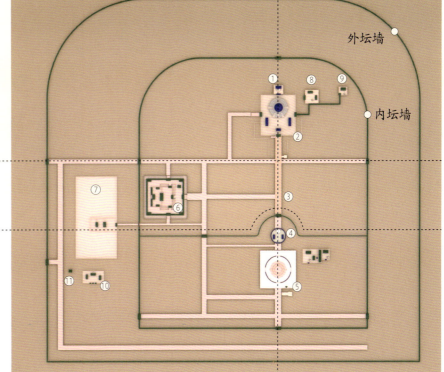

天坛内外坛、轴线及各建筑示意图

圜丘坛

天坛南北向轴线的最南端是圜丘坛，三层逐渐内收的圆形石坛台层层堆叠。冬至日清晨，皇帝会站在坛台中央的"天心石"上，诵读写给上天的"年度总结报告"。

这座坛台处处藏着数字魔法：每层坛台四面各出9级台阶；每层坛面环状铺砌9圈台面石，每一圈台面石数量都是9的倍数，如围绕天心石四周，第一圈砌9块，第二圈砌9×2=18块，第三圈砌9×3=27块，以此类推。古人认为"九"是至阳之数，象征天的至高无上。

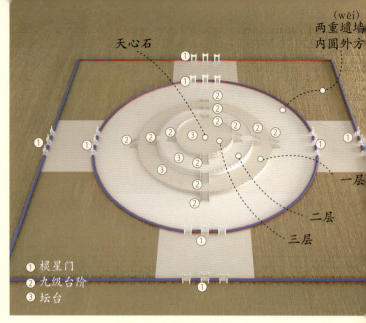

圜丘坛坛台透视图

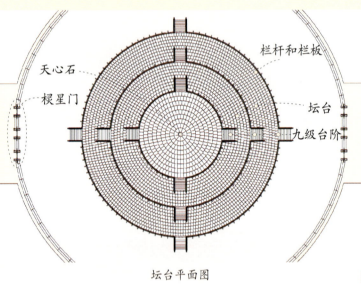

坛台平面图

圜丘坛各构件

天心石回声机理

最神奇的是天心石——站在这里拍手，声波被汉白玉栏杆反射叠加，形成三重浑厚响亮的回声。皇帝相信这是"亿兆景从"，寓意万民呼应；从科学角度来讲，这是古人无意中造出的"天然扩音器"。

人站在天心石上击掌，第一个回声是掌声传到围栏下半部的石板上，被反射到同侧台面，再反射回人耳处。

第二个回声是掌声传到围栏上半部，被反射后传到另一侧台面上，又被台面反射到相对的围栏上，再被围栏反射回人耳处。

第三个回声是围栏中部雕花部分的散射波，经历约三倍直径路程后才传回人耳处，声音在此过程中衰减，所以在击掌声较轻或噪声较大时，可能会听不到。

第一个回声

第二个回声

第三个回声

天心石第一、二、三个回声机理示意图

皇穹宇建筑群

从圜丘坛向北望，一座蓝色圆顶建筑静静矗立，那是皇穹宇。平日里，祭祀用的神牌放置在这里。但这组建筑群内真正的"明星"，是它外围的回音壁——一道光滑如镜的圆形围墙。两人分别站在墙的东西两端，面壁低语，声音竟能贴着墙壁"溜达"百米，清晰传入对方耳中。回音壁的秘密藏在选用的山东临清"澄浆砖"里，工匠像拼乐高一样严丝合缝地砌墙，墙体致密坚硬，光滑整齐，使得声音可以顺利传递。

皇穹宇建筑群鸟瞰图

回音壁回声机理示意图

对话石回声机理示意图

皇穹宇前的甬道上有三块"会说话"的石板：站在第一块石板上拍手，可以听到一次回声；站在第二块石板上击掌，可以听到两次回声；站在第三块石板上击掌，可以听到三次回声。其原理就是声音在回音壁的作用下，不断反射叠加。

除了这三块"会说话"的石头，甬道上还有一块神奇的石头——对话石，人站在对话石上说话，可与站在东配殿或西配殿的另一人互相对话。这是由于有效墙面对声波的反射会聚作用而形成的。

三音石回声机理示意图

一二三音石回声机理

一音石回声机理示意图　　二音石回声机理示意图

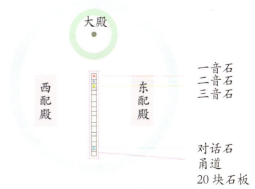

甬道、三音石、对话石位置示意图

祈谷坛建筑群

祈谷坛建筑群，由南北向排列的一大一小两个长方形院落及其中的主要建筑组成。主要建筑包括：皇乾殿、祈谷坛、祈年殿、祈年门、东西配殿。

丹陛桥和祈谷坛
建筑群

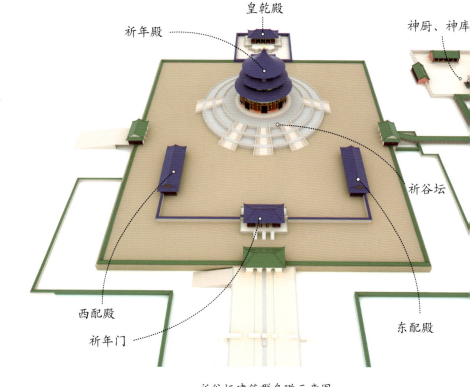

祈年殿
皇乾殿
神厨、神库
祈谷坛
西配殿
祈年门
东配殿

祈谷坛建筑群鸟瞰示意图

祈年殿
祈谷坛

祈谷坛和祈年殿透视图

祈年殿是天坛重要建筑之一，也是天坛的"颜值担当"。蓝色琉璃瓦屋顶像倒扣的苍穹，坐落在祈谷坛之上。每年皇帝会在这里举行盛大的"祈谷礼"，祈求五谷丰登。

这座建筑原本是"彩虹色"：三重屋檐从上到下分别是蓝、黄、绿三色。乾隆皇帝大笔一挥，将屋檐统一改为蓝色。即使到现在，祈年殿仍是北京的标志性建筑。

皇乾殿鸟瞰示意图

皇乾殿有话说

在我这供奉着"昊天上帝"和皇帝列祖列宗牌位，我的屋顶是蓝色琉璃瓦庑殿顶，庑殿顶可是建筑屋顶形式中的最高等级，可见我的重要地位！

丹陛桥

　　连接圜丘坛与祈谷坛建筑群的，是一条长360米的丹陛桥。桥面微微北高南低，皇帝祭天时由此缓步前行。仔细看桥面，藏着三条"隐形轨道"：中间石板是"神道"，专供天神通行；东侧砖路是皇帝的"VIP通道"；西侧则留给大臣排队。最有趣的是桥下的两个拱洞——运送祭品的车辆必须从这里秘密通过，以示对天神的尊重，否则就是"大不敬"！

丹陛桥示意图

斋宫建筑群

　　天坛西侧有座绿屋顶建筑，那是皇帝的斋宫。祭天前三天，皇帝要搬到这里吃素、洗澡、不喝酒，专心"净化心灵"。为了表达对天的谦卑，斋宫屋顶全用绿色琉璃瓦，而不是皇帝专属的黄色。

寝殿

正殿

斋宫建筑群鸟瞰示意图

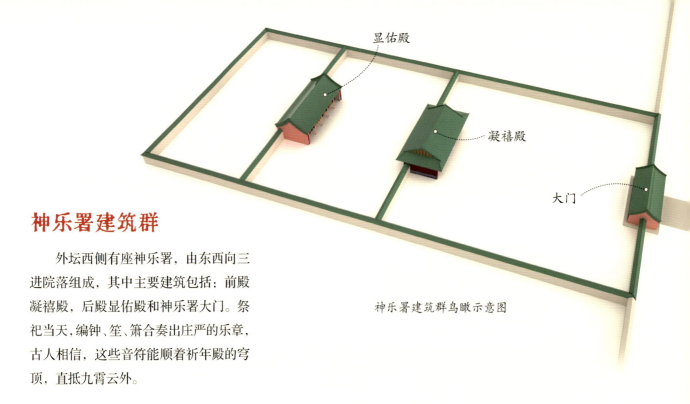

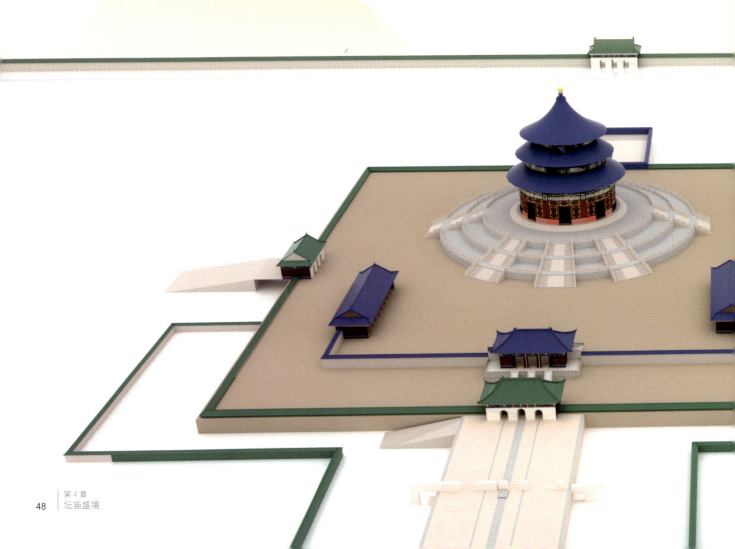

显佑殿

凝禧殿

大门

神乐署建筑群

外坛西侧有座神乐署，由东西向三进院落组成，其中主要建筑包括：前殿凝禧殿，后殿显佑殿和神乐署大门。祭祀当天，编钟、笙、箫合奏出庄严的乐章，古人相信，这些音符能顺着祈年殿的穹顶，直抵九霄云外。

神乐署建筑群鸟瞰示意图

神厨、神库、宰牲亭建筑群

神厨、神库、宰牲亭建筑群是圜丘坛和祈谷坛建筑群的"后勤总部"。神厨用于制作祭品，神库用于储存制作完成的祭品，宰牲亭是宰杀牲畜的地方。

3 趣味思考：
为什么天坛的设计与圆有关？

　　天坛处处用"圆"，不仅因为它有古代的"天圆"观念，更和礼制建筑蕴含的传统形制、天体运转寓意以及建筑结构稳定性密切相关。

　　中国早期祭天的场所往往就是圆形的，一直到唐宋时期，圆形的明堂承接了祭天的功能。这一传统在明永乐年间被系统化，在天坛的设计上全面采用了圆形来承载"天"的意象。古人认为"圆"无始无终、周而复始，正如天体的运转规律一样永恒不息，这种对宇宙循环的深层理解，超越了简单的"天圆地方"的说法。

　　圆形不仅是礼制与古人宇宙观的体现，也是长年累月实践中形成的经验性结构优势：圆形的台基能使建筑荷载和风的压力均匀分散，提升建筑的稳定性。圆形平面在抗风抗震方面要比棱角分明的方形结构更加稳固，使天坛历经数百年风雨能屹立不倒。

　　现代人对"天"的认知，已经从古代"天圆"的造型，发展为基于精密天文观测和空间探测的系统理解。现代天文学和空间科学的进步，让我们看到天体不仅是在头顶"转圈"，而是处在一个不断演化、相互作用的宇宙网络中。

　　天坛的设计用圆形表现天，是古人在认知局限下对"天圆"理念的最佳呈现；现代科研则在更广阔的维度上，延续并深化了对"天"的探索。

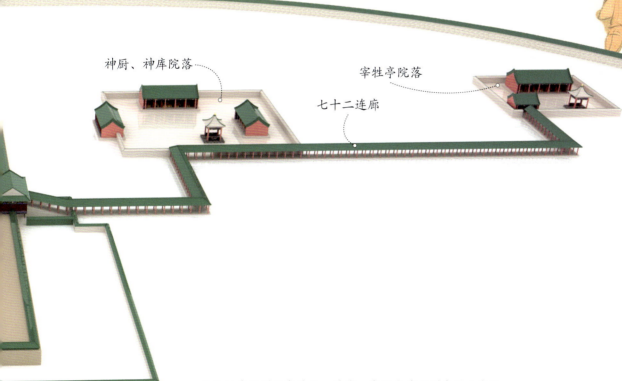

神厨、神库院落

宰牲亭院落

七十二连廊

祈谷坛建筑群配套神厨、神库、宰牲亭建筑群鸟瞰示意图

第 5 章

陵墓玄影

1 陵墓是什么？

2 迷踪十三陵

3 趣味思考：皇陵为何建在大山中？

我手里的十三陵地图怎么突然渗出了墨迹！

环游器穿进一条蜿蜒山道，周围松柏森然，山道两侧站满了拿着武器的石头人，原来这是神道上的石像生，暮色中的神道传来闷响，两匹石马的眼睛突然泛起微光。随着环游器一起攀上山脊眺望，原来这里群山环抱如屏障，河流蜿蜒如玉带，皇陵为何藏在深山呢？

地宫石门忽然裂开缝，好像有黑影！这是陵墓玄影！一起去看看，要小心机关！

1 陵墓是什么?

　　陵墓,是古代帝王将生死威严刻入大地的印记。它们不仅是安葬遗骸的场所,更是礼制、权力与信仰交织的复杂符号。

　　陵墓由地下墓室与地上陵园共同构成。地下墓室深藏棺椁与珍宝,秦始皇陵的兵马俑、汉代诸侯墓的金缕玉衣,皆是帝王"事死如事生"的见证;地上陵园则布满神道、碑亭、祭殿,如明十三陵的祾恩殿、清东陵的隆恩殿,供后人祭祀瞻仰。

陵墓具有鲜明的等级

　　陵墓制度宣示着帝王权威,秦始皇陵以八千陶俑、百乘战车陪葬,王公贵族墓随葬青铜礼器,平民仅能以简单的陶器象征性入葬。陵墓等级分明,不可逾越。

秦始皇陵兵马俑坑出土陶俑(中国国家博物馆馆藏)

受"风水理论学说"的深刻影响

帝王陵墓受到"风水理论学说"的深刻影响,在陵墓选址时,会选择三面或四面山峰环抱,且地势北高南低、背阴面阳的内敛型盆地或台地,称为"穴"。这种"穴"被认为能够藏风聚气,以此表达帝王之气永存、江山永固的希冀。

蕴含根深蒂固的宗法伦理观念

宗法伦理观念在古人心中十分重要,古代社会聚族而葬,同一宗族的亲人一定要葬在一处,皇家也是一样的。

从南朝齐梁到明清,帝王陵墓集中成"陵区",如明十三陵将13位皇帝葬于同一山脉,形成家族权力的地理图谱。

① 祖山
② 少祖山
③ 主山
④ 青龙山
⑤ 白虎山
⑥ 护案山
⑦ 水口山
⑧ 朝山
⑨ 水口山
⑩ 龙脉
⑪ 龙穴

"风水理论学说"中的最佳"风水格局"示意图

明十三陵陵区示意图

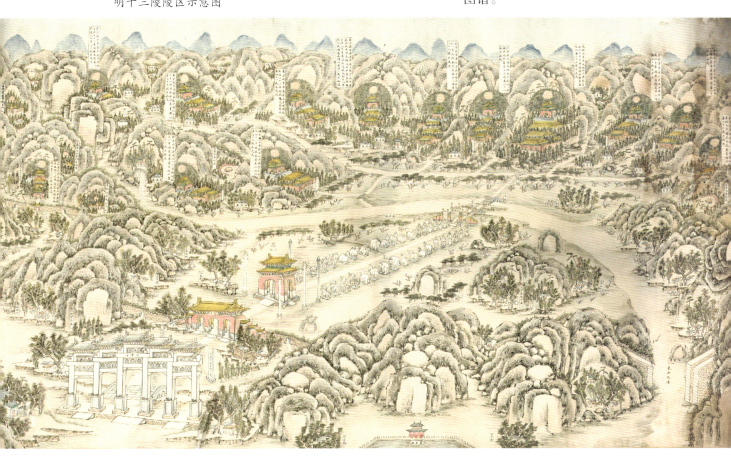

2 迷踪十三陵

明成祖朱棣选择北京昌平天寿山南麓，作为自己的陵墓。最终共 13 位帝王在此长眠。这片占地 40 平方公里的陵区，是我国现存保存最完整、帝王陵墓最集中、数量也最多的陵墓建筑群，是中国古代陵墓制度的集大成者。2003 年，被联合国教科文组织列入《世界遗产名录》。

明十三陵陵区分为地上和地下两部分，地上部分主要包括主神道、十三座帝陵的陵宫建筑及附属建筑等；地下部分是指各帝王陵墓的地宫建筑。其中，十三座帝陵分别为：长陵、献陵、景陵、裕陵、茂陵、泰陵、康陵、永陵、昭陵、定陵、庆陵、德陵和思陵。

明十三陵总平面图

① 康陵 ② 泰陵 ③ 茂陵 ④ 裕陵 ⑤ 庆陵
⑥ 献陵 ⑦ 长陵 ⑧ 景陵 ⑨ 永陵 ⑩ 德陵
⑪ 定陵 ⑫ 昭陵 ⑬ 思陵 ⑭ 石像生
⑮ 神功圣德碑亭 ⑯ 大红门 ⑰ 石牌坊

明十三陵

- 明长陵 — 明成祖朱棣与皇后徐氏
- 明献陵 — 明仁宗朱高炽与皇后张氏
- 明景陵 — 明宣宗朱瞻基与皇后孙氏
- 明裕陵 — 明英宗朱祁镇与皇后钱氏、周氏
- 明茂陵 — 明宪宗朱见深与皇后王氏、纪氏、邵氏
- 明泰陵 — 明孝宗朱佑樘与皇后张氏
- 明康陵 — 明武宗朱厚照与皇后夏氏
- 明永陵 — 明世宗朱厚熜与皇后陈氏、方氏、杜氏
- 明昭陵 — 明穆宗朱载垕与皇后李氏、陈氏、李氏
- 明定陵 — 明神宗朱翊钧与皇后王氏(孝端)、王氏(孝靖)
- 明庆陵 — 明光宗朱常洛与皇后郭氏、王氏、刘氏
- 明德陵 — 明熹宗朱由校与皇后张氏
- 明思陵 — 明思宗朱由检与皇后周氏、皇贵妃田氏

明十三陵诸帝陵

探秘十三陵首陵——长陵

　　长陵是十三陵的首陵，位于天寿山主峰南部，是明成祖朱棣和皇后徐氏的合葬墓。长陵在永乐七年（1409年）时便开始修建，是明十三陵中建设时间最早、建筑规模最大、地面建筑保存最完整的建筑群。

　　长陵陵区分为神道和陵宫两部分。长陵神道即为明十三陵主神道。陵宫是长陵的主体部分，平面南方北圆，为三进院落连接北端宝城宝顶的布局。

明长陵

方城、明楼

穿过后院，沿着陵墓的中轴线继续向北，就会来到陵墓的最高建筑——明楼。明楼建在方城之上，平面呈正方形，高达20米，四面都有拱形门洞，屋顶是重檐歇山式，显得非常庄重。

明楼

方城

方城 明楼

进入陵墓核心区域，首先看到的是祾（líng）恩门，它位于中院的南墙中央，面阔五间，进深两间，屋顶是单檐歇山式，上面覆盖着象征皇权的黄色琉璃瓦。

祾恩门

祾恩门

明长陵平面布局示意图

N

祾恩殿

祾恩门进去后，最重要的建筑就是祾恩殿，这里是举行祭祀仪式的主要场所，同时也是供奉皇帝和皇后的牌位的地方。它的规模很大，面阔九间，进深五间，屋顶是重檐庑殿式，依旧铺着黄色琉璃瓦。祾恩殿建在三层汉白玉石台基之上，台基前的月台可以用来放置祭祀用品，或者进行大型祭祀活动。

陵宫门及小碑楼

前院南墙中央为陵宫门，砖石拱券结构，辟券门三洞，单檐歇山顶。过陵宫门，左右两侧原有神厨、神库各五间，陵宫门内东南角还有一座小碑楼。

陵宫门及小碑楼

祾恩殿

十三陵的布局

十三陵集安葬和祭祀功能为一体。受到传统陵墓格局的影响，拥有完美的自然环境及绝佳的地理条件。陵墓以"居中为尊"为理念，按照中轴线布置的方式进行布局。陵墓由一条约7公里长的神道串联起石牌坊、大红门、神功圣德碑亭、石像生、龙凤门，最终延伸至各陵核心。

明十三陵神道神功圣德碑亭及华表

这是一座专门用来安放石碑的亭子，四面都有券门，屋顶是重檐歇山式，铺着黄色琉璃瓦。里面立着一块明仁宗亲自撰写碑文的石碑，记录了明成祖的功绩。碑亭四角还立有四根华表，和天安门前的华表造型一样，增添了庄重的气息。

在石像生的尽头是一座龙凤门，它是一座石牌楼，穿过这里，继续向北就能到达陵墓的核心区域——长陵的陵宫大门。

明十三陵神道龙凤门局部

明十三陵神道示意图

石牌坊　　大红门　　神功圣德碑亭　　石像生　　龙凤门

明十三陵神道石牌坊

明十三陵神道大红门

这是进入皇帝陵墓的第一个标志，相当于陵区的"大门牌"。它完全由汉白玉雕刻而成，虽然是石头，但造型模仿的是木结构建筑。牌坊上雕刻着龙戏珠的图案，象征皇帝的威严和神圣。

大红门是陵墓的正门，有三个拱形门洞，整体是砖石结构，屋顶是单檐庑殿式，覆盖着黄色的琉璃瓦，和朱红色的墙体形成鲜明对比，看上去非常气派。

明十三陵神道石像生——石人、石兽

走过碑亭，再往北约800米，两旁可以看到整齐排列的石雕像，它们叫石像生，有文臣武将，还有各种动物，成对站立，包括6对石人、12对石兽，还有1对石望柱。这些雕像象征着皇帝生前的威严，也让人感觉像是进入了一个"生者行礼，亡者受祭"的仪式空间。

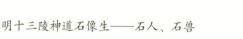

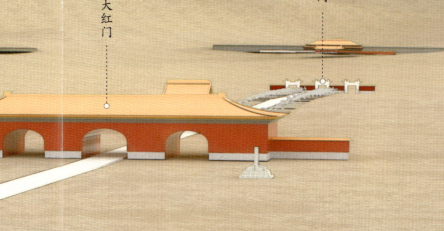

石牌坊　　大红门　　龙凤门

神道轴线组织示意图

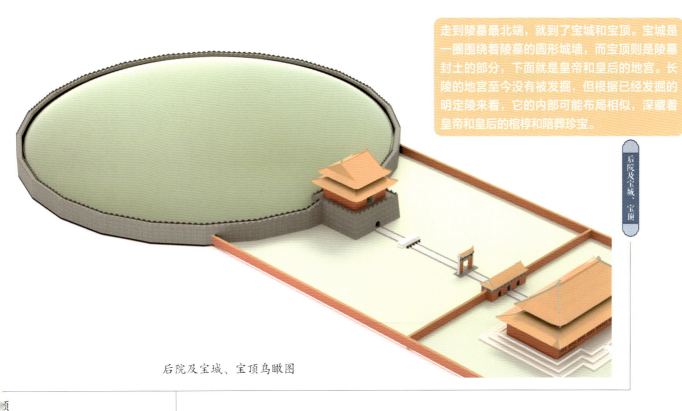

走到陵墓最北端，就到了宝城和宝顶。宝城是一圈围绕着陵墓的圆形城墙，而宝顶则是陵墓封土的部分，下面就是皇帝和皇后的地宫。长陵的地宫至今没有被发掘，但根据已经发掘的明定陵来看，它的内部可能布局相似，深藏着皇帝和皇后的棺椁和陪葬珍宝。

后院及宝城、宝顶

后院及宝城、宝顶鸟瞰图

3 趣味思考：
皇陵为何建在大山中？

为什么中国古代的皇帝们总喜欢把自己的陵墓建在大山脚下？其实，这不仅是因为"风水好"，而是古人对自然环境的精心利用。

首先想象一下冬天的北风呼呼地吹来，站在空旷的地方会冷得直哆嗦，但如果你背后有一座大山，是不是就能挡住大部分的寒风？

除了背后有山，皇陵的两侧通常也会有小山丘，就像两只手把陵墓护在中间。这有什么用呢？这些山就像天然的屏风，能让风变得更柔和，也能让整个陵区的气候更稳定，不至于过于干燥或寒冷。

如果你去过一些古代的皇陵，会发现它们的前方经常有一条河流或湖泊，水能让空气更湿润，让植物更茂盛，这样整个陵区就不会太干燥，看起来也更有生机。

其实，古人不仅在修皇陵时会选"靠山面水"的地方，普通人盖房子时也会遵循这个原则！比如很多老村庄，都会建在背靠山、面朝水的地方，这样既能挡风保暖，又能利用河水灌溉。

这就是今天的环境地理学——古人用自己的智慧，总结出了适合人类生存的最佳环境条件。虽然他们用的是"风水"这个词，但本质上，这就是一套关于如何利用自然的科学知识！

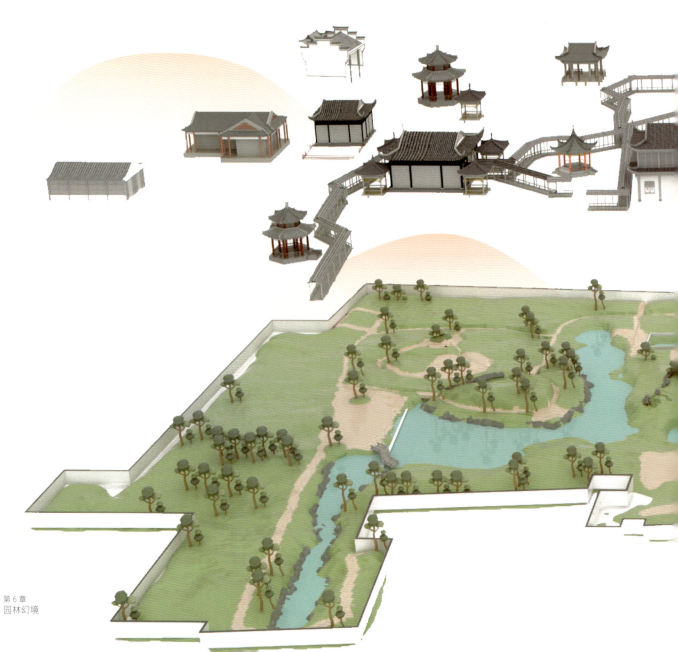

园林幻境

"哗啦啦——"

环游器被卷进水流，在"曲水流觞"渠里打转，穿过狭窄的缝隙后屏幕上豁然开朗：假山叠石成峰，曲廊临水而建。欢迎来到微缩山水——园林幻境！

远处的塔影被纳入窗框，化作画中一景。池中锦鲤跃起，水波荡开涟漪，看这景中"山石是骨，流水是脉，花木是衣"！这正是造园师们"师法自然"的园林哲学体现。

这是园林中的时空投影！看！水面浮现出了一幅立体地图，我们需要将假山、池塘、游廊像积木般拆解重组，突破这园林幻境才行！

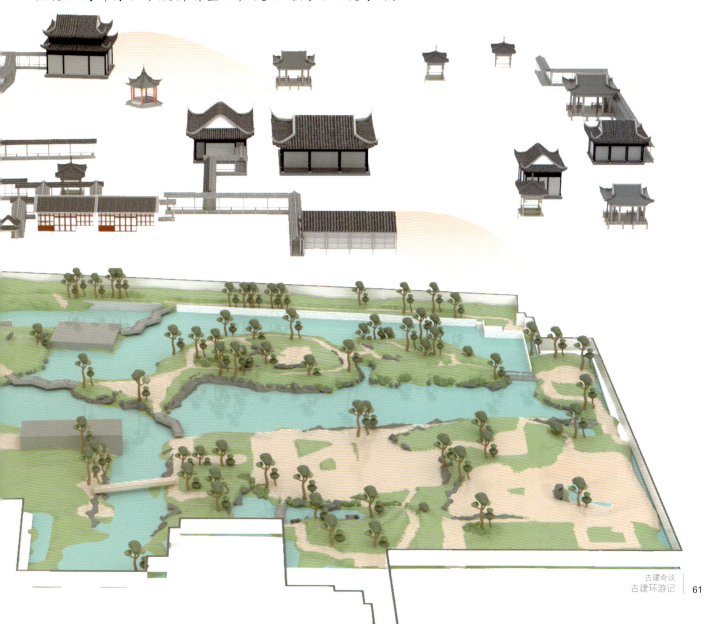

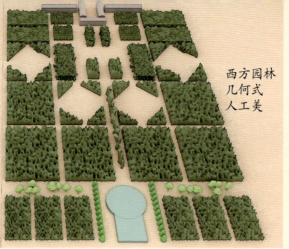

东方园林
山水式
自然美

西方园林
几何式
人工美

东西方园林平面对比

1 园林是什么?

"虽为人作,宛自天开。"

中国园林是什么?

明代著名造园家计成这么说:"虽为人作,宛自天开。"

大家经常听说颐和园、拙政园,但园林是怎么来的呢?

园林的发展

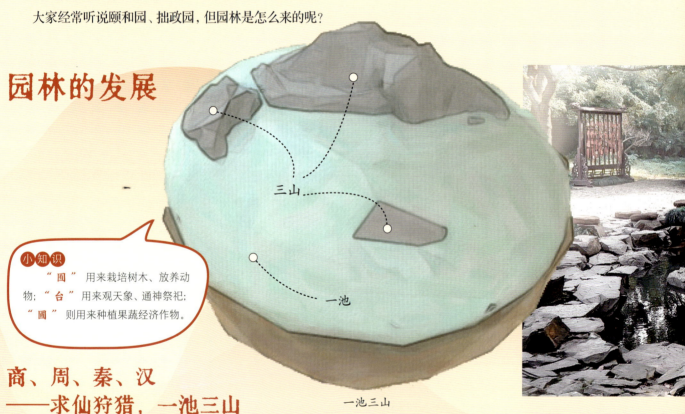

> **小知识**
> "囿"用来栽培树木、放养动物;"台"用来观天象、通神祭祀;"圃"则用来种植果蔬经济作物。

三山

一池

一池三山

商、周、秦、汉
——求仙狩猎,一池三山

在很久很久以前,原始人只要吃得饱、穿得暖、睡得好,就达到他们的生活目标了。直到奴隶社会,上层人士在温饱的基础上,想做"游乐场",于是才有了园林的三种初步形态:囿、台、圃。商周时期的王族想要在园林里狩猎动物、祭祀神仙,于是就有了"沙丘苑台"。

到了秦代,开始有皇家园林的建造,汉武帝在上林苑首创"一池三山"布局,即在太液池中有蓬莱、方丈、瀛(yíng)洲三座仙山,成为后世皇家园林造园的重要模板。

魏、晋、南北朝——魏晋风流，寄情游园

　　魏、晋、南北朝，园林的设计受到不同思潮的影响，皇家、私家和寺观三种园林同时发展，园林设计从单纯模拟自然变为追求山水意境。皇帝们把园林当成自家的"后花园"，于是皇家园林开始变小，游玩的需求代替了狩猎求仙；文人雅士在宅院或自然中设计园林来彰显自身品格，借园林来隐喻自己内心的精神追求。人尽皆知的"曲水流觞"雅集活动就在此时出现。

隋、唐、五代——山水诗意，气派繁华

绍兴兰亭曲水流觞

　　隋唐时期，社会各方面繁荣兴盛，皇家园林的设计师又将园林面积扩大，在细节设计上也处处彰显皇家气派。私家园林的设计师依然以诗画情趣为主，文人也参与到设计中，把自己对于诗画的理解融入园林，满足了文人隐士的精神追求。寺观园林在此时也进一步普及和世俗化，带动了公共场所园林的发展。

宋、元、明、清——千年积累，登峰造极

宋代的政治、经济、文化高度发展，把园林推向成熟。这时的园林都偏文人化，处处细节都体现出设计师深厚的功力，叠石理水、植物配置技艺更成熟，已达到中国古典园林史上登峰造极的境界。宋徽宗在汴京的园林——艮岳，是中国历史上的皇家园林极品。

艮岳遗石

颐和园山水关系示意图

元代皇家园林的典范是北京的西苑，而位于苏州的狮子林则是元代私家园林的代表。到了明代后期，园林的数量、规模和类型都达到空前，出现了计成这些专业匠师和《园冶》等造园著作。

清代皇家园林异彩纷呈，既吸收了江南园林风格，也保留了皇家园林气派。清代乾隆时期造园技艺和规模达到新高，北京三山五园、承德避暑山庄成为园林典范。中国古代园林北方、江南和岭南三大园林风格形成。

拙政园山水关系示意图

园林如何区分？

皇家园林

　　皇家园林只为皇帝和皇族提供休憩玩乐，追求皇家气派，主要是真山真水，建筑多讲究气派和皇家标准，偶尔体现少量的私家园林设计手法。赫赫有名的颐和园、圆明园、避暑山庄等都是皇家园林。

北京颐和园

私家园林

　　私家园林多为贵族官吏、富商文人的休闲空间，规模虽小，但多有以小见大的设计，比如通过假山、溪流、精致建筑等模拟自然山水。留园、拙政园、网师园等都是私家园林的典范。

留园冠云峰

网师园射鸭廊

拙政园小飞虹

寺观园林

　　寺观园林是佛寺和道观的附属园林。数量比皇家、私家园林多几百倍，多分布在自然风景优美的名山胜地。比如杭州的灵隐寺就是此类园林。

杭州灵隐寺

　　除以上三大类，园林还有古代衙门的衙署园林，祠堂周边的祠堂园林，书院建筑群内的书院园林，村落等地区公用开放的公共园林等。

岳麓书院园林一景

2 园林幻境设计师

如果你穿越到了过去，你如何设计一座园林呢？

选址有学问

设计园林第一步要考虑的就是在哪儿建？

古代造园家称之为"相地"。可别小瞧了这一步，这是一切造园活动的开端，要是地址选得好，建造就会省时省力。明代计成在《园冶·相地篇》中，介绍了6种典型园林用地，指出最理想的是自然中的山林地，最不适合建造园林的是城市地。

颐和园的选址靠山面水，周边又有平地、山地环绕，建成后与周边园林形成了含平地园、山地园、山水园的宏大园林集群。

选景手法

设计讲手法

一个园林的空间是有限的，但聪明的造园家在有限的空间内，可以通过巧妙的设计手法，创造出无限的园林幻境。

"园地惟山林最胜……自成天然之趣，不烦人事之工。"

对景

对景是指让两处景点相互对应，根据景观点与人的视线或园内轴线的关系，可分为正对、互对。

无锡寄畅园
鹤步滩（左）与知鱼槛（右）互对

对景

障景

障景是指用影壁、假山、树木等遮挡人的视线，让人总想探索被遮挡的到底是何物，为游览增添神秘感。比如入口的障景，有欲扬先抑、增加层次、阻止人流等作用；位于游园结尾处的障景，则是希望游人流连忘返、回味无穷。

框景

框景是指用门框、窗框、树框、山洞等，有选择地框出眼前的优美景色，形成一个个嵌入画框中的园林画卷。

障景前后对比

框景

苏州留园框景

漏景

漏景是用花窗、稀疏的树木等遮挡景物，使景色若隐若现，勾起人在园林中探秘的兴致。

苏州沧浪亭花窗漏景

漏景

借景

借景是指将远处或园林外的景色借到园内，与园内的景物形成对应关系，以此让人感觉园林的边界好像拓展到了最远处的景观。例如拙政园远借北寺塔，北海远借白塔。

借景

拙政园内远借北寺塔

山
水
树
屋
四个要素

要素显章法

现在你已经选好了一块风水宝地，也掌握了各种各样的造园手法，那么我们接下来该怎么做呢？

首先我们要引水入园，垒石掇（duō）山。无论是哪种园林类型，水都是园中的必要元素。其次要结合水系的位置，在周边布置以石头为象征意义的山体，山和水会勾勒出一座园林的基本样貌。如拙政园的布局以水为主，池塘开阔、小溪蜿蜒，将园中景致倒映其中，宛如一幅自然的山水画。

布置好山水在园中的位置后，我们就开始建造房屋。亭台楼阁要根据不同地形、方位、功能等进行搭建，打造出可居可观的空间。如留园以其精巧的建筑空间而闻名，尤其是起承转合的入口空间，采用"以小见大"的手法，引人入胜。

点缀植物则是关键的最后一步，根据植物的形态，可作点景、配景、背景，既能丰富空间层次，又能营造自然野趣。

根据前人的总结与研究，我们发现园林中的景致无不过就是山体、水景、植物、建筑这四大法宝，那么你认识它们吗？

山体

古代园林的设计师们把制作假山的过程，叫作掇山。园林中的假山可大有作用，若是山体较为平整，可以作为瞭望台，登高眺望；若是山体陡峭嶙峋，可以作为"游乐场"攀登休憩；若是山体放在园中的特定位置，可以作为不同景色间的分隔墙，划分园内空间。

假山的命名方式也有所不同，根据假山形态划分，则有峰、峦、岩、洞；根据假山与建筑之间的关系划分，常见的形态则有峭壁山、厅山、阁山等。

山体

峰

扬州个园峰石

南京愚园亭山

故宫御花园堆秀山

水景

古代园林的设计师们把对园中水景的处理，称作"理水"。若是把中国古典园林比喻成一个人的身体的话，那么"掇山"与"理水"便是身体上不可或缺的骨架。在园中常见的水体有静态与动态之分，静态的水有湖面、池塘、池山等；而动态的则有溪涧、瀑布、渊潭等。

瀑布与渊潭

北京恭王府方塘

植物

　　植物虽作为园林中的点缀部分，但也是最不可或缺的，它最能够体现四季之景的变化。根据植物的类型，我们可以将它们分为乔木、灌木、地被；根据植物的种植方式，我们又可以把它们分为孤植、群植、丛植、对植和列植。

颐和园后溪河区域营造森林背景的乔木

建筑

　　园林中的建筑形式变化多样，亭台楼阁、堂斋室房、馆榭轩舫等均为园林中的建筑形式，亭、台、楼、阁是其中最为常见的类型。

亭台楼阁

亭

亭子在园林中的运用最为广泛，它是可以让人们获得短暂休息的场所。

亭

台

台在园林中大多指月台或露台，可以让人们在此进行纳凉、赏景、钓鱼等活动。

台

楼

阁

阁的平面多为正方形，在四面都开窗，而且通常四周都有挑出的栏杆回廊。在中国传统建筑中既有高层阁，也有单层阁。

3 趣味思考：
中国园林为什么要有山水？

中国园林围绕山水来做核心设计，山为骨、水为脉，通过山与水共同构建出一个个"微缩宇宙"。造园家们的设计思路不仅来源于对自然的模仿，更承载着深刻的哲学意蕴与美学追求。

中国园林与山水画、田园诗相生相长，山水画和田园诗里的"可游可居"，在园林中通过亭榭廊桥来实现；画中的留白转变到园林景观，便是很多园林造景的虚实相生。诗画家王维建造辋川别业，写道"雨中草色绿堪染，水上桃花红欲然"。他与友人共作诗文《辋川集》，绘制辋川图，开启了诗、画、园一体创作的先河，苏轼称他是"诗中有画，画中有诗"。这种创作传统在历代文人中延续：唐代的白居易在洛阳建造履道坊宅园，写下《池上竹下作》，其中"水能性淡为吾友，竹解心虚即我师"的诗句，将园居的趣味升华成超然物外的精神追求；明代文徵明为拙政园绘《拙政园图》、题《王氏拙政园记》，将可居的园林幻境化作"笔底烟霞"。山水画、山水诗与中国传统园林相辅相成，都是古代文人雅士的品格表达，闲适淡泊、天然真趣，都凝固在园林的山水格局中，成为跨越时空的文化基因。

麦积山石窟第 13 窟

第7章

石窟秘钥

1　石窟寺是什么？

2　云冈光影录

3　趣味思考：为什么石窟寺里的壁画栩栩如生？

　　洞窟深处的油灯突然亮起，壁画上的飞天飘带随风摆动。我们到石窟寺了！

　　看这石窟寺壁上青金石、朱砂的色彩依旧鲜艳，这是古人用矿物颜料千年不褪色的秘密！抚摸佛像衣褶，砂岩颗粒簌簌落下，抬头！啊！这里满壁全是各种大小造像，快看正上方，那里一群乐师在吹弹乐曲，衣袂飘动宛若飘浮在空中！

　　听！这是什么声音？是飞天琵琶！身边的壁画怎么也开始动了！

　　快往前走，我们需要找到石窟秘钥，才能走出这琵琶声缭绕的洞窟！

1 石窟寺是什么？

石窟寺，是指依山势开凿、建在山崖上的佛寺，大多数为佛教僧侣的住所。其建筑做法和功能都与我们常见到的佛寺建筑大致相同，都用于拜佛、起居和禅修等，因此石窟寺中往往都塑有佛像或画有壁画。

石窟寺由于其建造位置特殊，因此比普通寺庙更加坚固，易于长久保存，是僧俗信徒修行、祈福的理想场所。石窟寺的选址也很有讲究，一般在依山傍水、环境清幽的地方进行开凿。

小知识

石窟寺的类型

石窟寺可分为以下几种类型：中心柱窟、佛殿窟、佛坛窟、大像窟、涅槃窟等。

石窟寺类型

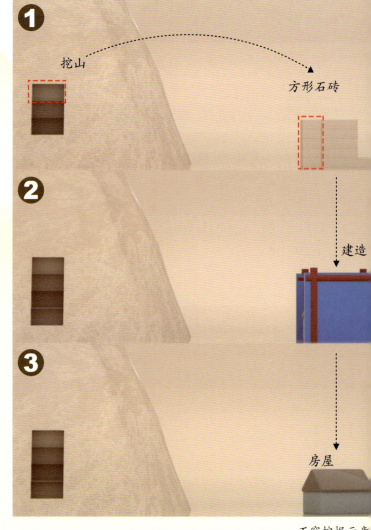

① 挖山 → 方形石砖

② 建造

③ 房屋

石窟挖掘示意

石窟寺是怎么演变的？

起源印度

早在3000多年前的古印度孔雀王朝的阿育王时期，人们就开始凿山开窟。最早的石窟并非由佛教徒修建而成，在佛教创立后，佛教徒借用这种适应当地暑热气候的寺院形式，于是石窟寺逐渐流行起来，其中最有名的就是印度的阿旃陀（ā zhān tuó）石窟。

克孜尔石窟

入华发展

随着佛教传播，石窟寺及其艺术通过"丝绸之路"来到中国。大约3世纪左右，龟兹国已成为葱岭以东的佛教中心。以库车、拜城为中心的古龟兹地区是新疆地区石窟寺最集中的区域，现存有克孜尔等石窟。

生根发芽

到了魏晋南北朝时期，佛教在我国繁荣发展，人们大量开凿石窟寺，4世纪末期，在河西地区已有石窟寺出现。甘肃武威的天梯山石窟，建造于东晋十六国时的北凉，是我国开凿最早的石窟寺之一，也是我国早期石窟寺艺术的代表。

5世纪初，北魏灭北凉后定都平城（今山西大同），佛教和石窟寺开凿技艺传入中原地区，北魏和平初年（460年）工匠们开凿云冈石窟，自此这里成为中原石窟寺开凿的中心。

天梯山石窟

493年，北魏孝文帝迁都洛阳，在城南命人开凿龙门石窟，以洛阳为中心的石窟寺群逐渐兴起。534—535年（6世纪前期），北魏分裂，虽然政权更迭，但是人们开凿石窟的脚步从未停歇。东部石窟寺以邺城和太原为中心，出现了南北响堂山石窟、水浴寺石窟、小南海石窟等；西部政局平稳，石窟寺开凿工程依旧，天水麦积山石窟、敦煌莫高窟在原有基础上持续修缮、扩建，在艺术上不断精进。

云冈石窟昙曜五窟

6—8世纪，石窟寺开凿增多，人们对龙门石窟、敦煌石窟等开始了更大规模的开凿建造工程。8世纪后，唐朝由盛转衰，人们不再在北方建造大量的石窟寺，石窟寺中心向政局稳定的西南逐步转移，宋辽金元时期，石窟寺的建造工程又再次增多，但到了明清时期，建造工程已慢慢减少了。

龙门石窟

敦煌莫高窟第一窟（第275窟）　　　　　　　　　重庆大足石刻

中国有哪些著名的石窟？

麦积山石窟

在甘肃天水，有一座山形似堆积的"巨型麦垛"故被称为"麦积山"工匠们约在十六国后秦时期开凿石窟，北魏孝文帝时凿建达到高潮。隋、唐、宋、元时期，麦积山石窟的泥塑精妙绝伦，雕塑因地制宜，灵活采用石胎泥塑、木胎泥塑、泥塑、影塑、高浮塑等多种技法。麦积山石窟具有代表性的洞窟有第4窟、第13窟等。

麦积山石窟第13窟

麦积山石窟

莫高窟

莫高窟又名千佛洞，位于甘肃省敦煌市，是世界上现存规模最大、内容最丰富的佛教艺术宝库之一。工匠们在十六国前秦建元二年（366年）进行初凿，后经北朝、隋唐，直至元代仍有开凿，明清时才衰落。莫高窟南北长1600余米，上下共五层，最高处达50米。敦煌地区石质松软不宜雕像，因此石窟内主要是彩塑和壁画。莫高窟现存洞窟735个，壁画45000余平方米，彩塑2415尊，飞天塑像4000余尊。莫高窟具有代表性的有96号窟九层塔建筑及窟内35.5米高大佛，还有享誉世界的敦煌壁画等。

龙门石窟

龙门石窟位于河南省洛阳市龙门山与香山的崖面上，工匠们在北魏孝文帝太和十八年（494年）进行初凿，经隋、唐、北宋陆续开凿，历时400余年完成。龙门石窟南北长1000米，今存有窟龛2345个，造像10万余尊，碑刻题记2860余块。作为皇家石刻艺术的典范，龙门石窟对其他地区造像产生了深远的影响，甚至日本等国的石窟造型艺术也多受其影响。龙门石窟代表性的洞窟有北魏古阳洞、宝阳洞，唐代万佛洞、奉先寺等。

远望敦煌莫高窟

龙门石窟

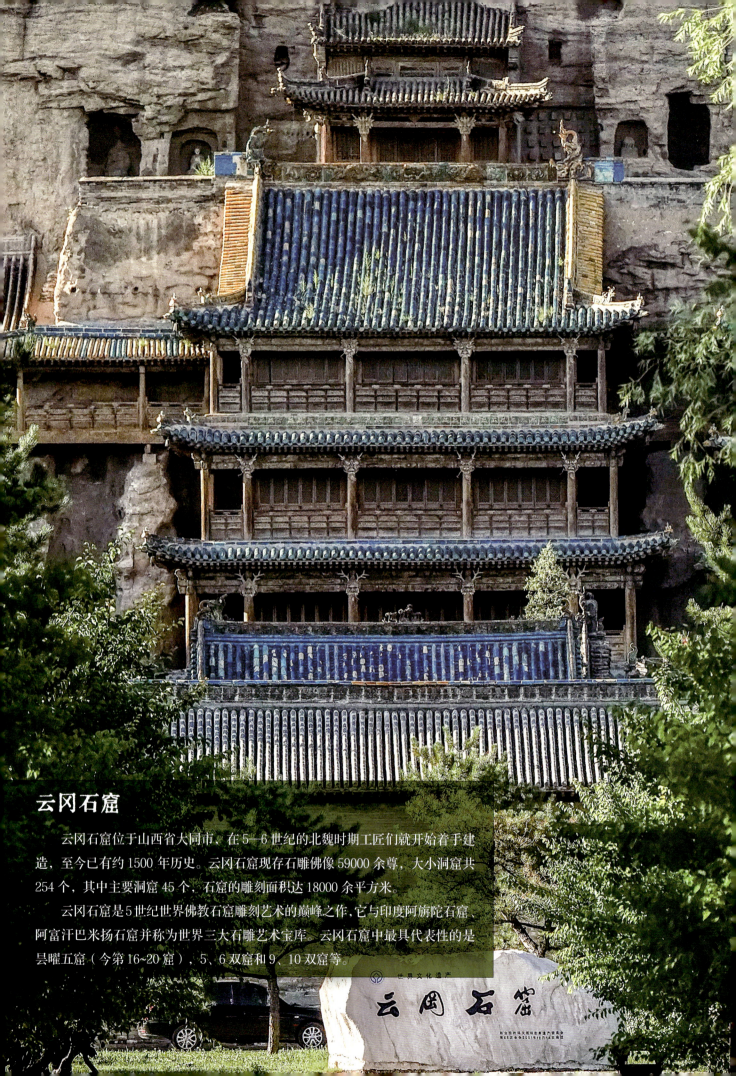

云冈石窟

　　云冈石窟位于山西省大同市。在5—6世纪的北魏时期工匠们就开始着手建造，至今已有约1500年历史。云冈石窟现存石雕佛像59000余尊，大小洞窟共254个，其中主要洞窟45个，石窟的雕刻面积达18000余平方米。

　　云冈石窟是5世纪世界佛教石窟雕刻艺术的巅峰之作，它与印度阿旃陀石窟、阿富汗巴米扬石窟并称为世界三大石雕艺术宝库。云冈石窟中最具代表性的是昙曜五窟（今第16~20窟）、5、6双窟和9、10双窟等。

世界文化遗产

云冈石窟

2 云冈光影录

云冈为何而建？

这事儿得从一千多年前的"南北大乱斗"说起。原本住在大兴安岭的鲜卑族拓跋部落，一路打拼终于在北方建立了北魏王朝，还把首都定在了山西大同（当时叫平城）。439 年，北魏太武帝拓跋焘（tāo）一统中国北方，轰轰烈烈的北魏王朝开始了。

定都平城后，数以百万计的能工巧匠齐聚北魏最重要的佛教中心——平城，于是逐渐就有了北魏皇家与佛教的联合。和平初年（460 年），昙曜（tán yào）高僧主持开凿五座洞窟，北魏的前五位帝王被演化成了五尊石窟大佛，后世称之为昙曜五窟。云冈石窟 60 余年营建热潮由此拉开序幕，那这些惊艳世人的石窟，在当时又是如何建造出来的呢？

云冈石窟总图　昙曜五窟　双窟双佛　佛像从 2 厘米到 17 米

终年落幕 三期工程（494—524 年）

太和十八年（494 年）孝文帝迁都洛阳，平城变成北都，但是云冈作为佛教要地仍在继续开凿，而此时的云冈石窟是什么面貌呢？

识别要点　这一时期佛像似乎清秀了不少！佛像的形象变得简单化，面部消瘦，但是衣物纹饰却变得复杂。此时中国风悄然出现，窟内外的雕饰越来越复杂，在融合各方审美后逐渐形成具有中国特色的石窟风格。此外洞窟也变小了，此时的开凿多以中小窟为主，窟内空间较为方整。

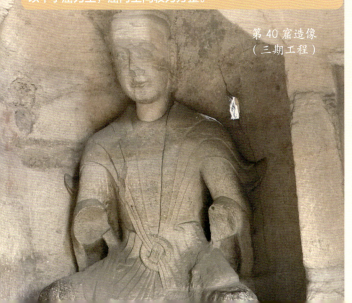

第 40 窟造像
（三期工程）

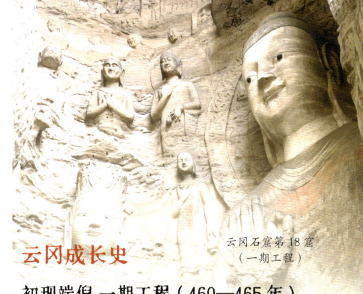

云冈石窟第 18 窟
（一期工程）

云冈成长史

初现端倪 一期工程（460—465 年）

460 年，昙曜五窟在武周山开凿，云冈石窟登上历史的舞台。昙曜为皇室所开的五所洞窟——"昙曜五窟"，即今云冈石窟中的 16~20 窟。这是云冈的第一期石窟，它有什么特点呢？

识别要点　最重要的特点之一就是：大！这一时期以体型巨大的石窟为主，洞窟平面为马蹄形，窟顶为圆圆的穹隆顶，主佛像个子高大，面相丰圆，几乎占满整个石窟；另外，造像的题材以三世佛为主，据说洞窟中的五尊佛像代表了北魏的五个皇帝。

刻绘精致飞天等像的云冈石窟 12 窟后室窟顶（二期工程）

盛年成熟 二期工程（471—493 年）

自文成帝后至太和十八年（494 年）孝文帝迁都洛阳前，便是最盛大的第二期工程，这一时期有哪些不同呢？

识别要点　这一时期的佛像好像按下缩小键，主尊大造像的数量减少。洞窟的形状也发生变化——洞窟的平面变为方形，窟内壁面雕刻都有上下分层、左右分段，还出现了两个洞窟的形式。不仅如此，石窟也变得精致起来：窟内的雕刻内容丰富多样，飞天舞女、伎乐形象均有显现。

云冈石窟怎么建?

1. 斩山

斩山是先在山上劈出平整墙面,相当于给大山"削苹果皮"。一般是在匠人们选定好凿窟位置后,先在自然山坡上凿出较为平直的崖壁,方便下一步开凿。

斩山

2. 内开窟

内开窟是个"反常规操作",大多从上而下进行,工匠们先在高处开窗运石头,再从下面挖门洞。这些石头还可以用作台基、柱础等建筑构件。

开窗

开门

开窗

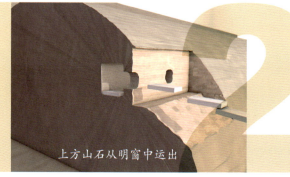
上方山石从明窗中运出

从上而

开窟

粗凿

精雕

3. 造像

这一步是凿建石窟的重中之重。匠人们先凿出佛像的头、身、座的粗略体块（就像打草稿），再开凿主体的其余轮廓，比如服饰、发髻，五官、脖子、身体、四肢、基座等。基本轮廓完成后，会对细节进行再加工，尤其是头部五官、手指头、手掌，以求塑像的活灵活现。

造像

门的位置

挖门洞

下方石块从门运出

云冈石窟模型图

4. 施彩

开窟整体

造像完成后，就到了最后一步——施彩上色。云冈石窟已无法考证北魏时彩绘工序，不过北魏云冈造像身上是有颜色的——佛像局部涂一些红色，我们目前所见的大多是明清时期匠人们的手笔。

3 趣味思考：
为什么石窟寺里的壁画栩栩如生？

1. 壁画也要打底

石窟里的壁画可不是直接画在石头上！古人在绘制壁画前，需要先用粗泥层（黏土和麦草等）抹平石窟中岩壁的缝隙，再涂上细泥层（黏土和麻刀），最后刷一层白粉层（石膏或高岭土）作为画布。再加上画匠师傅精湛的技艺，精美的壁画才能呈现在我们面前。

2. 彩虹矿石立大功

石窟里壁画的颜料可不能用普通的颜料！我们如今看到的壁画色彩浓烈，是因为采用了矿物颜料，比如红色的可能是朱砂或者铅丹，白色的是方解石，而绿色的可能是孔雀石，这些矿石颜料自带稳定的化学性质，不会像植物染料那样容易褪色。我们如今还能看到石窟中精美绝伦的壁画，正是矿物颜料的功劳！

第8章

宝塔千重

1 塔是什么？

2 应县木塔不倒之谜

3 趣味思考：应县木塔怎么办？

轰隆隆，狂风大作，天雷来袭！

远处的风铃在暴雨中狂响，哪里还发出"咯吱咯吱"的木头声响？抓紧环游器扶手，快去看看！

"是千年木塔！马上要遭遇袭来的12级大风，我们得想办法保住它！"

原来宝塔是木头结构为主，柔韧的木结构能抗地震，你看这每层都有减震结构，立柱层叠如伞骨，斗拱如莲花托举梁架，年轮般的纹路显示着千年风雨的痕迹。趴在摇晃的木梁上，看着这眼前眼花缭乱的构件，柱子、斗拱也开始微微颤动了，是不是已经这样摇摇晃晃了一千年不曾倒塌啊？

我们一起进去探索"宝塔千年不倒"的秘密！

山西应县佛宫寺释迦塔一层释迦牟尼像

1 塔是什么？

我们所说的塔是中国古代佛塔的简称。它来源于印度，在东汉时期由印度随着佛教传入中国。

塔的故事

佛塔，又可称为浮屠、窣堵波（sū dǔ bō），最初用于供奉和安置佛陀遗骨（舍利）、遗物及经卷，是佛陀智慧、慈悲与佛法的象征。"救人一命，胜造七级浮屠"中的浮屠，指的就是佛塔。佛教发源于古印度迦毗罗卫国，由该国太子乔达摩·悉达多所创立，这就是后来的佛陀释迦牟尼。

小卡片 浮屠

浮屠是佛陀的异名，英文写作 Stupa。由于佛陀或高僧圆寂后，舍利连同经文等被埋葬在同一座圆形的坟冢中，因此古印度人将坟冢也称为 "Stupa"，我们将 "Stupa" 翻译为 "窣堵波"，也就是佛塔的初始形态。

佛塔传入中国之后开始了近两千年的成长演变。中国的佛塔形式多样，大小不一，形态千变万化，但离不开两种建筑体系：一是来源于古印度的砖石结构窣堵波，二是中国本土的木结构楼阁。这两种建筑体系不断排列组合搭配出数十种独具特色的中国佛塔样式。

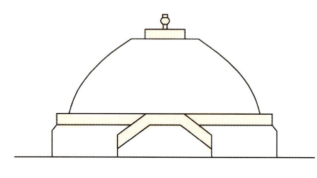

砖石结构窣堵波和木结构楼阁

覆钵式塔

覆钵式塔又称为喇嘛塔，外形像一个倒扣的钵盂，这种样式受古印度窣堵波的影响。覆钵式塔来源于古代尼泊尔地区，最先兴盛于西藏地区，后由于藏传佛教的东传，逐渐在汉民族生活的地区流行起来。较为著名的覆钵式塔有北京妙应寺白塔、北京北海琼华岛白塔、内蒙古呼和浩特席力图召长寿佛塔等。

覆钵式塔有几个重要的组成部分：塔座、覆钵、相轮、华盖、塔刹。在不同时代根据不同的建造情况，也会在这五个组成部分基础上增加其他结构。

塔刹

华盖

相轮

北京北海琼华岛白塔

覆钵

塔座

内蒙古呼和浩特席力图召长寿佛塔

山西五台山
佛光寺祖师塔

山西应县木塔

楼阁式塔和亭阁式塔

这种像楼阁一样的塔表现了佛教的中国化。中国的信徒和僧人用传统的木结构建筑表现了古印度佛塔的含义，发展出了只属于中国的佛教建筑形式。

楼阁式塔是我国佛塔中的主流，东汉年间已有文字记载，南北朝至唐宋发展到鼎盛时期。塔的平面有方形、八角形、六角形等，为了增加稳固性，由单层塔壁变为双层塔壁，材料也由全木材转变为砖石。辽山西应县佛宫寺释迦塔是现存最早的木塔，五代时期的江苏苏州虎丘云岩寺塔是现存最早的砖塔之一。

单层的楼阁式塔可称为亭阁式塔，也是一种较为古老的佛塔样式，著名的五台山佛光寺东大殿旁的祖师塔便是亭阁式塔。

江苏苏州虎丘云岩寺塔

密檐式塔

　　广义上的密檐式塔和楼阁式塔经常并存，有多层密集屋檐的塔，都可以称为密檐式塔。需要注意的是，大部分的密檐式塔不能登临赏景。典型例子有北京天宁寺塔、河南嵩岳寺塔、西安小雁塔等。

河南嵩岳寺塔

西安小雁塔

河北正定开元寺塔

北京西黄寺清净化城塔

金刚宝座塔

　　金刚宝座塔由一个大型塔座（即金刚宝座）和多座小型佛塔组成。通常为石塔，平面一般为方形。金刚宝座塔模仿的是佛教世界中曼荼罗，主塔一般有五座，中央的一座象征佛陀所在的须弥山，周围四座象征四大部洲。著名的金刚宝座塔有北京真觉寺金刚宝座塔、香山碧云寺金刚宝座塔、北京西黄寺清净化城塔等。

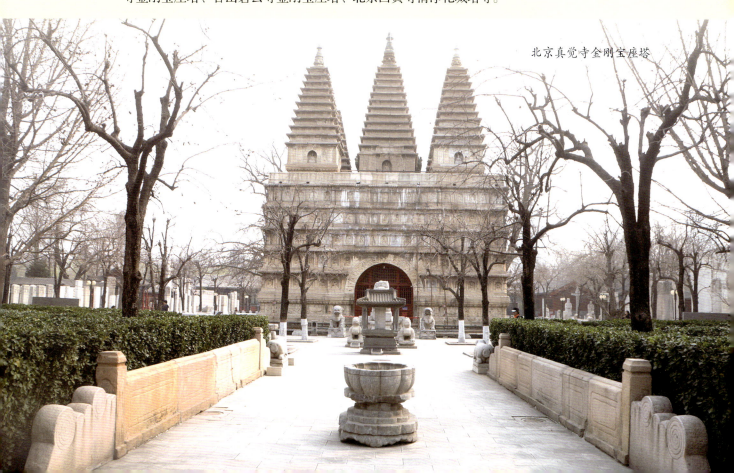

北京真觉寺金刚宝座塔

2 应县木塔不倒之谜

应县木塔全名为佛宫寺释迦塔，建于辽代，位于山西应县佛宫寺内，它是世界现存最古老、最高大的纯木结构塔，与意大利比萨斜塔、法国巴黎埃菲尔铁塔并称"世界三大奇塔"。

应县木塔属于楼阁式塔，平面为八角形，有两层塔壁，塔身外围还有一圈廊子。全塔从下到上分别是砖石台基、木构塔身、砖砌刹座、铁铸塔刹四部分，总高67.31米，足足有今天的22层楼房高。塔身从外面看起来只有5层、6个屋檐，其实塔身里还藏着起加固作用的4个暗层，所以实际共有9层。

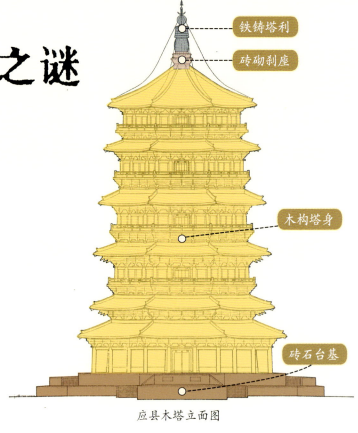

铁铸塔刹
砖砌刹座
木构塔身
砖石台基

应县木塔立面图

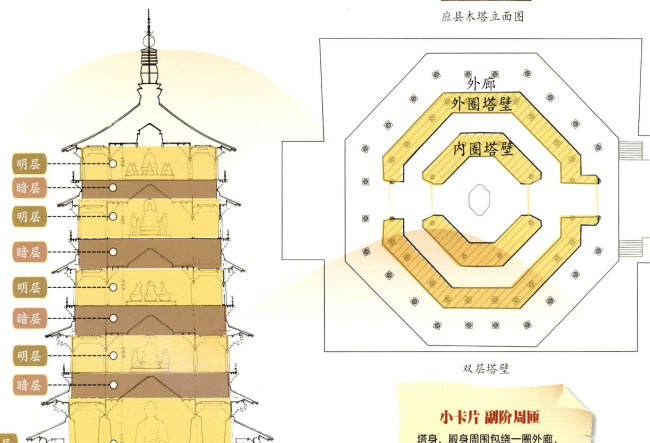

明层
暗层
明层
暗层
明层
暗层
明层
暗层
明层

应县木塔剖面图

外廊
外圈塔壁
内圈塔壁

双层塔壁

小卡片 副阶周匝
塔身、殿身周围包绕一圈外廊，称为副阶周匝。

木塔历经900多年，遇见过大风暴，扛过了大地震，在1926年又遭战争炮击，仍坚强地屹立不倒，我们一起来看看应县木塔如此牢固的秘密吧！

魔法八角造型

应县木塔的平面形状是八角形，相对于正方形平面来说，能减少和风相撞的面积，从而减少风对塔的压力，这就像给塔穿上了流线型外衣，想象一下，当12级台风来袭时，这座会"溜风"的木塔总能优雅而立。

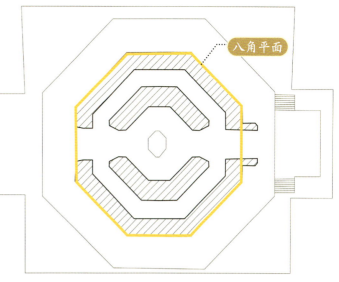

八角平面

九层斗拱圣衣

塔采用的是殿阁型构架，每层的柱子之上都是由斗拱构成的结构层，它们在纵向上承接屋檐传导给柱子的力，而横向又牵拉左右的梁枋，所以在受到地震、炮击后，木塔能够通过斗拱榫卯间的摩擦、错位，消耗掉外来的巨大能量，使整个木塔的结构具有较好的抗震、抗冲击性能。

四道紧箍咒

明层和暗层交替出现，四个坚固的暗层像是四道"紧箍"，牢牢地支撑着明层。进入暗层，可以看到其中的斜撑和木柱产生了很多三角形的构架，很好地利用了三角形的稳定性。

应县木塔斗拱层

超级马步底盘

塔的底层廊子直径是30.27米，外层塔壁直径23.69米，因此塔的整体造型比较粗壮，就像功夫高手扎马步，稳稳地立在大地之上。

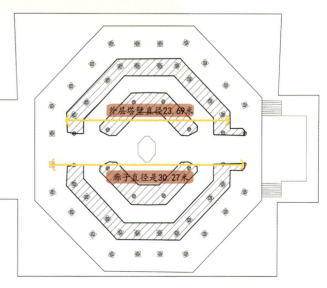

外层塔壁直径23.69米

廊子直径是30.27米

超级马步底盘

双层套筒结构

　　应县木塔有内外两圈木柱环层层相套，这样，塔的受力构件就从单个的柱子变成了柱环，可以承受更大的力，这种"环中环"的双套筒设计让木塔拥有了金刚不坏之身，地震来了都抖不开！现在许多高层建筑的筒体结构，与塔的这种结构有异曲同工之妙，可见近千多年前古人的机智！

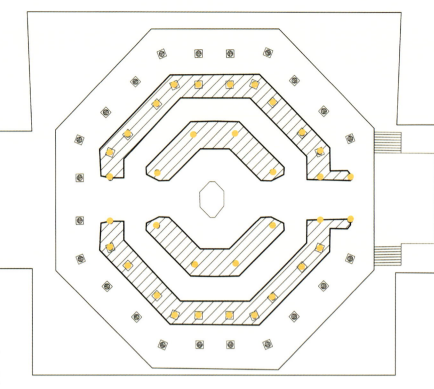

双层柱环

墙门变形术

　　应县木塔的门窗暗藏玄机：该开窗时开窗，该砌墙时砌墙，原来的塔在二至五层只有4个正面当心间是木头的门，其余全部用灰泥墙，墙内再加斜撑，组成隐形的防护网，大大提高了木塔的稳定性。可惜在"中华民国"时期，灰泥墙被换成了木头门窗，这虽然让木塔变成了"玲珑宝塔"，但却无意中让木塔的防护能力减弱了很多。

拼积木哲学

　　全塔遵循"少用大料，多用小料"的原则，除第一层外，其余八层的16种柱子中有14种都是用不超过3米的木料拼成，就像乐高积木搭建的巨塔！小料不仅轻便，还自带抗震能力，地震时能像弹簧般晃动卸力。

大力士防护服

底层柱子最高，又承受整体重量，是全塔的薄弱环节，在内外层柱子之间砌筑约 3m 厚的砖土墙，形成了稳定的基座；上面几层，柱子旁边还有附加柱子，全塔就像穿上了一层无敌金钟罩！

底层砖土墙

3 趣味思考：应县木塔怎么办？

应县木塔始建于辽代清宁二年（1056 年），800 多年后，因梁思成等学者的研究而进入大家视野。目前应县木塔的二层问题比较严重，原有的木构件因多种复杂原因，已严重歪斜变形。20 世纪有专家提出可以利用现代技术将二层以上的部分全部吊起来后，替换变形破损的构件，但方案未曾实施。应县木塔构件数量庞大，各构件之间咬合紧密，如果去掉上层重压，有可能导致很多构件严重裂毁。"如果大量裂毁的构件被替换为新的，木塔是否还是原本的木塔？"这一话题尚存争议。

其实在很多古建筑的修缮中，技术不再是决定性难题，我们开始慎重思考如何保护古建筑的原真性。应县木塔已将近千年，但倾斜的问题依旧未解决，希望大家一定尽早看一看这位千年的老朋友！

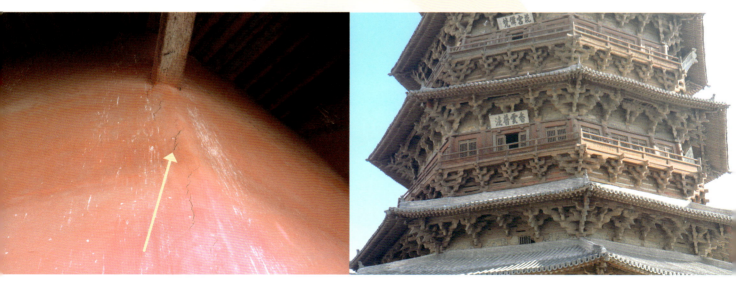

木塔一层柱子外面已经斜向开裂的墙体　　　　　　　　　　木塔二层严重倾斜的木柱

第9章

飞渡虹桥

1 桥梁是什么？

2 赵州桥的防洪密码

3 趣味思考：你知道藏在古桥里的科学密码吗？

前方云雾散开，环游器前方一座石桥凌空而起！

桥身如月牙倒悬，桥洞与水中倒影连成完美圆环，这就是古桥 "敞肩拱" 魔法！看，桥肩的四个小拱像巨人的臂弯，洪水能从孔洞呼啸分流，压力化作两岸的守护之力。桥栏上还有吸水兽！怒目圆睁，鳞片好似浪花翻卷，尾巴盘绕成了云纹，桥面石缝间渗出潮湿的凉意。扫描桥边的碑文，好像传来了工匠的凿石声："腰铁连石，千年不散！"

石桥又在继续升高了！大家坐好，我们要飞渡虹桥了！

万宁桥

1 桥梁是什么？

西周春秋时期

在很久很久以前，宽阔的河流阻断着原始部落之间的交流，但是聪明的原始人在自然中找到了得力的助手——树木与石头，于是独木桥和河中汀步让陌生的人们走向熟悉。

据《史记》《水经注》记载，第一座桥为商代拒桥（巨桥）。由此，我国正式开启桥的纪元。

《诗经·大明》中有记载，周文王姬昌建造浮桥"亲迎于渭，造舟为梁"。春秋时期，黄河上第一座浮桥——蒲津渡浮桥，成功架起。随着社会造铁技术与拱券技术的发展，工匠们建造出石拱的旅人桥。

秦汉三国时期

秦时期国力强盛，大量兴建宫殿，工匠们的建造技术也有了飞跃的提升，桥梁也逐渐发展出栈道与复道，宫殿群中"长桥卧波""复道行空"，军事要道上"栈道千里，通于巴蜀"皆是桥梁发展的见证。

此时还出现了有明确尺寸记载的跨渭河木梁桥——中渭桥（桥广6丈，南北长380步，750柱，212梁，68孔）。西汉时，《蜀记》也记载有最早的竹索桥——七星桥。

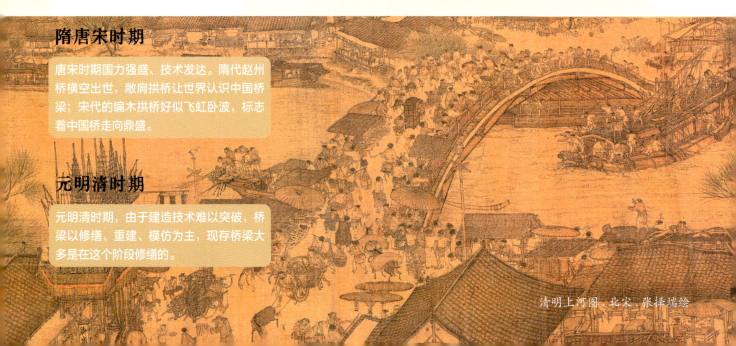

隋唐宋时期

唐宋时期国力强盛、技术发达。隋代赵州桥横空出世，敞肩拱桥让世界认识中国桥梁；宋代的编木拱桥好似飞虹卧波，标志着中国桥走向鼎盛。

元明清时期

元明清时期，由于建造技术难以突破，桥梁以修缮、重建、模仿为主，现存桥梁大多是在这个阶段修缮的。

清明上河图·北宋·张择端绘

梁桥——架起来的桥

区分要点

人们把横梁架在桥墩上的桥称为梁桥。它是最早的一种桥，下有桥墩支撑，上铺横梁为桥面，也叫平桥、跨空梁桥。有学者认为，河姆渡与半坡遗址中已有梁桥。

详细分类

梁桥因其悠久的历史和广泛的分布，种类繁多。根据结构和受力可分为简支梁桥、连续梁桥、伸臂梁桥。

梁桥

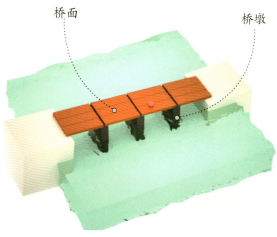

桥面　　　　桥墩

梁桥

简支梁桥

一个梁放在两个桥墩上。一般跨度不大，如园林中的折桥。

两个桥墩的简支梁桥

连续梁桥

一个梁下方连续放置多个桥墩。一般在地基好、跨度大的地方应用较多。

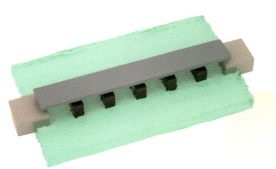

连续梁桥

伸臂梁桥：

伸臂梁桥（又称为悬臂梁桥）在桥墩一侧或两侧，悬挑出短臂，节节伸出，在两个悬臂间架起梁，来承接梁的重量。根据桥墩一侧或两侧伸出的臂数，有单（侧）悬臂或双（侧）悬臂梁桥。一般在跨度大，却无法做桥墩的地方应用。

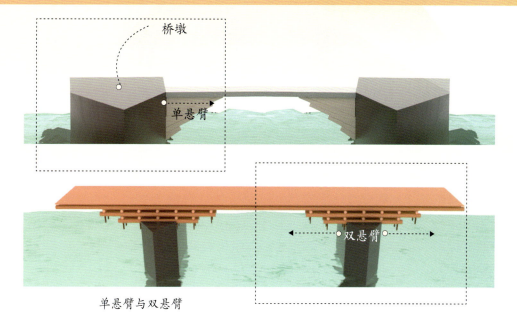

桥墩

单悬臂

双悬臂

单悬臂与双悬臂

浮桥——浮起来的桥

浮桥

区分要点

当人们遇到宽广的河流时，发现没有办法把桥"架"过去，但可以用船代替桥墩，再在浮动的船上铺设桥面，形成了浮桥。除了船，其他可浮起来的筏、浮箱等均可作为浮体。

浮桥因为结构简单、施工快、便于通航、可移动等优点，使其古往今来在军事领域中使用较多，不过载重小、随波起伏等缺点，使浮桥在民间应用较少。著名的浮桥有万安浮桥。

> **小知识**
>
> 我国最早的浮桥，在《诗经·大雅·大明》中记载，讲述周文王为了迎娶妃子，在渭河上用舟船相连架设浮桥，亲自迎接的故事。

详细分类

根据建造和形态可分为直浮桥和曲浮桥。

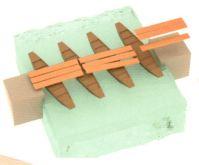
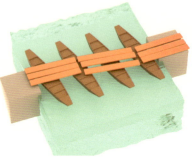

浮桥示意图

直浮桥

人们将船沿直线摆放并固定，上设桥面，桥整体大致顺直，称为直浮桥。

曲浮桥

有些河流较深，无法固定船，人们则先用索绳系在两岸边，将船串联起来做成浮桥。船只受水流影响，自然地弯曲形成曲线形，因此曲浮桥上的桥板是可活动的。

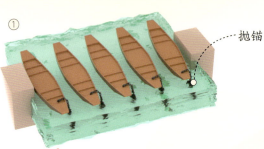

① 抛锚

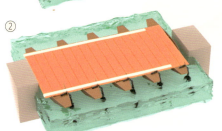

②

①

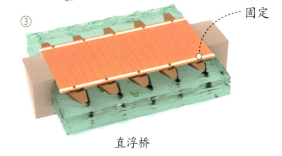

③ 固定

直浮桥

②

曲浮桥

索桥——吊起来的桥

区分要点

索桥是用索绳建成的桥。在一些深谷、无河的山地地区，人们用竹子、藤蔓、铁索做成索绳，架在山涧中通行，这就是索桥。索桥在我国西南地区较多，主要常见于云南、贵州、四川、秦岭或台湾山区等地。

详细分类

根据通行方式及材料，可以分为溜索桥、步行竹藤索桥、步行铁索桥。

溜索桥

由两条或一条索绳系在岸边的固定物上，用竹、木的溜板等放在溜索上，借助重力从高岸边滑向低岸边。

步行竹、藤索桥

将竹子劈成内芯和外皮，编制成竹索，将多根竹索并列连在两岸，两端固定，上面横铺桥板供人通行，如重建于清光绪年间的安澜桥。

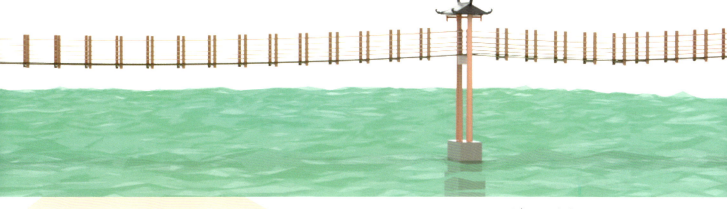

四川都江堰市安澜桥

架索的五种方法

安澜桥

双索桥和四索桥

步行铁索桥

铁索桥是用铁索作为骨架的索桥。主要用在云贵川和西藏的高山激流处，我国记载最早的铁索桥是樊河桥，此桥建于汉元年（前206年），位于陕西褒城北留坝县道马镇的樊河上。最简易的有双索步行桥，后又有三索、四索、六索、多索步行桥。

小知识　架索的方法有五种

① 河流较狭窄处，可在索上系细绳，细绳拴在箭上，用弓箭射到对岸，再将索绳拖拽过去；

② 水流较急处，两岸各有一人，将细绳上拴金属块或石块，同时向河流上游甩掷，被河流激流冲击绞缠在一起后，向一岸牵引，将主索引向彼岸；

③ 江面较宽时，利用船只载索过河，缓慢释放，这一方法对于轻的竹索较为有效，铁索较为费劲；

④ 铁索桥的架设需要先在两岸架设起溜索桥，岸边架设桥台，用溜索桥安装吊索，逐一将铁索固定，形成多索的铁索桥，铁索桥的后期维护大修也多用此方式；

⑤ 需要熟悉山野地形的高手山民用草绳拴着索绳，沿峭壁攀岩到目的地，再将铁索拽上山涧固定。

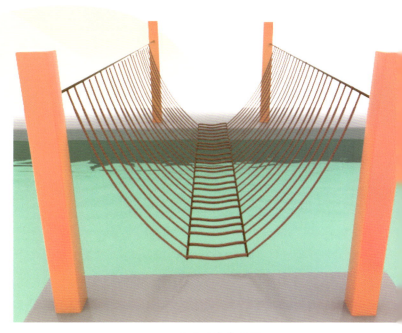

左右双索步行桥

拱桥——拱起来的桥

区分要点

拱桥是以拱券为主要结构的桥。随着工匠们搭建拱券技术的日益成熟并应用于桥梁，这种兼具艺术造型与承重能力的拱桥就在全国各地遍布开来。

折边石拱桥　　实腹曲线石拱桥　　敞肩曲线石拱桥

详细分类

因地域和时代的差异，拱桥也有多种分类方式，按照材质分为石拱桥和木拱桥。石拱桥包括折边桥和曲线形桥。

> "拱"在《说文》中解释为"敛手也"，抱拳敛手为拱，后将隆起弯曲的都叫拱。

折边石拱桥

由于技术原因，以前的人们很难用石头做出圆曲线形，所以有人认为拱是折边演进而来，即用直的石料砌筑成折边的桥梁，这种折边拱桥多见于浙江绍兴。

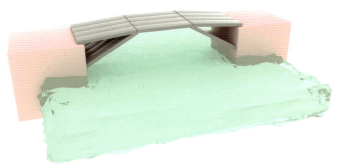

折边石拱桥

实腹曲线石拱桥

人们将桥的"腹部"填满充实，即拱券两侧用砖石等材料填充完全。这是早期的一种石拱桥，后来在国内也很常见。

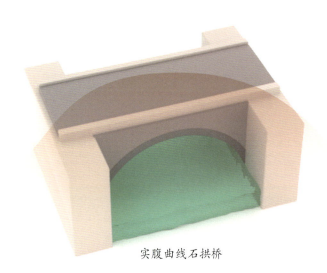

实腹曲线石拱桥

敞肩曲线石拱桥

敞肩曲线石拱桥

人们在桥的大拱券两肩位置敞开空心的桥，拱上的桥体由实心变成空心，小拱垒架在大拱之上。我国最为著名的敞肩曲线石拱桥就是赵州桥。

木拱桥的建造方式

木拱桥

木拱桥是用木头搭出拱建造的桥，这是一种在中国民间流传、没有文字记载、不为世界桥梁界所知的传奇桥梁，仅用木条的搭接，便架起一座横空轻巧的桥梁形式，最早见于张择端版的《清明上河图》中的汴水虹桥。

木拱桥

并列砌筑法

并列拱券由多列独立拱券并列，彼此间用腰铁等构件固定各独立拱券。这种方法对石块要求低、安装简单，但横向联系弱、拱券易松向外倾，对施工技术要求也高，现存著名的赵州桥即为并列拱券形式。

横联砌筑法

这在古代是最流行的一种做法，将整个桥的拱券一起制作，券石横向交错砌筑，石头间不用卯接，就能横向压实联合，桥梁拱券具有整体性。后派生出镶边、框式及镶框组合的横联砌筑法。

小知识 拱券砌筑方式

拱桥的核心技术——拱券的建造方式，是人类桥梁史乃至建筑史上的一项重大发明，在我国古代，石拱桥砌筑方式众多，主要有并列砌筑和横联砌筑，及派生出的其他形式。

拱券砌筑方式

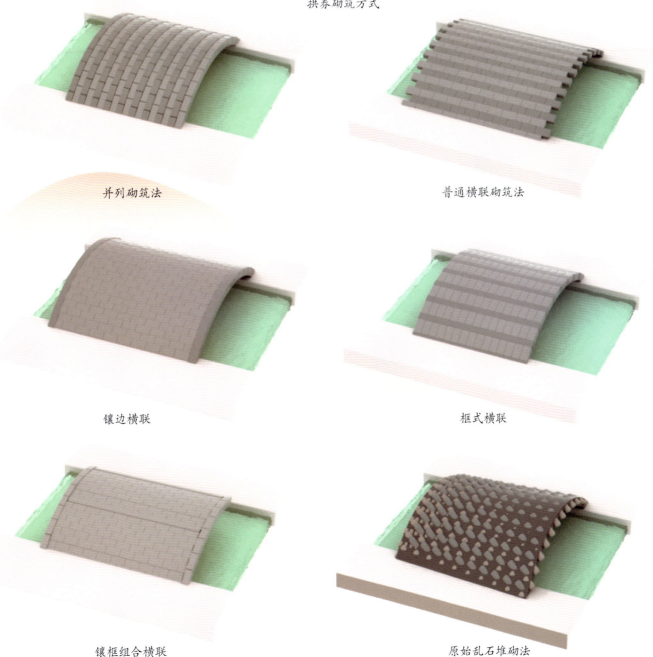

并列砌筑法

普通横联砌筑法

镶边横联

框式横联

镶框组合横联

原始乱石堆砌法

拱券砌筑方式

2 赵州桥的防洪密码

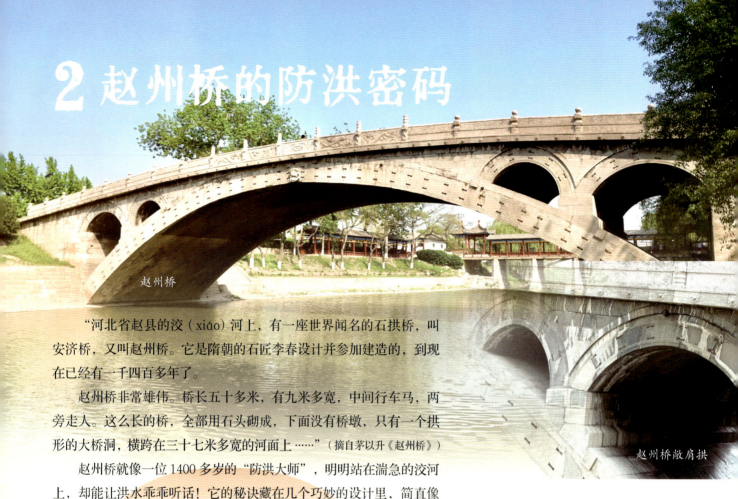

赵州桥

赵州桥敞肩拱

"河北省赵县的洨（xiáo）河上，有一座世界闻名的石拱桥，叫安济桥，又叫赵州桥。它是隋朝的石匠李春设计并参加建造的，到现在已经有一千四百多年了。

赵州桥非常雄伟。桥长五十多米，有九米多宽，中间行车马，两旁走人。这么长的桥，全部用石头砌成，下面没有桥墩，只有一个拱形的大桥洞，横跨在三十七米多宽的河面上……"（摘自茅以升《赵州桥》）

赵州桥就像一位1400多岁的"防洪大师"，明明站在湍急的洨河上，却能让洪水乖乖听话！它的秘诀藏在几个巧妙的设计里，简直像是古代工程师的"黑科技"！

1. 桥洞帮手：敞肩拱

如果普通石桥有着"坚实身躯"，赵州桥就是个"灵活的运动达人"！它在主拱两侧开了四个小拱洞，洪水来袭时，这些小拱洞瞬间变身"分流通道"。大水不再只会冲撞主桥洞，而是被小拱洞分头带走，既减轻了冲击力，又让桥身轻巧稳当——古人管这叫"四两拨千斤"！

3. "抱团"的拱券：腰铁与石头

仔细看，赵州桥的主拱其实并列藏着28道独立拱券。这些拱券各自单独成一体，每道拱券内，石块通过"蝴蝶结"形状的腰铁用银锭榫的榫卯形式紧紧扣在一起，这些抱团的拱券又并列在一起形成整体的桥拱，这就是拱桥的并列砌筑法。当洪水到来时，这些抱团的拱券会默契地分散冲击力。这种腰铁和石头的榫卯连接方式，就算某块石头有损坏，也能单独挖出修补，避免了整体拱券的修缮，大大节省了后期修缮的财力和时间。

2. 一步跨河：单孔设计

别的桥总是直直的站水中（立桥墩），而赵州桥像一道轻盈的彩虹，超大拱跨直接"飞"过河面，洪水经过时完全没有桥墩挡路，只能乖乖加速通过。赵州桥单孔跨度达37.02米（隋制约12丈），远超汉代石拱桥的10米级跨度。在没有现代力学计算工具的情况下，需精准控制弧度，确保桥体受力均衡。

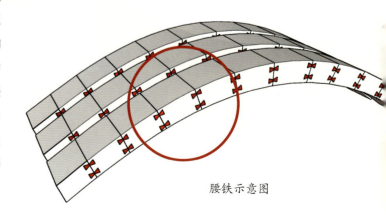

腰铁示意图

3 趣味思考：
你知道藏在古桥里的科学密码吗？

1. 力学的魔法：古桥如何扛住千年风雨？

当你站在古桥的青石板上，有没有想过：这座老桥，为什么能扛住无数次洪水地震？秘密就藏在它的"小小身躯"里！

拱桥的智慧

赵州桥的大拱像一张拉满的弓，把桥上人和车的重量变成向两边推的力。桥两端的厚实桥基就像两个大力士，稳稳顶住这股推力。

连续拱的接力赛

北京卢沟桥有 11 个连在一起的石拱，就像一群手拉手的小伙伴。当某个桥洞受到大水冲击时，左右桥洞会帮忙分担压力。桥墩还戴着"尖帽子"（分水尖），让凶猛的水流乖乖听话，这个设计原理至今还在现代大桥上使用呢！

2. 几何的密码：古人建桥用了什么数学公式

在没有计算器的古代，工匠们用绳结、木尺和几何智慧，创造了让现代工程师惊叹的精确建筑。

洛阳桥

古人的标准化生产

福建洛阳桥的桥墩像一艘倒扣的船，整座桥 46 个桥墩大小完全一致，就像用复印机复制出来似的——这可是宋代的"标准化生产"！

宝带桥

桥拱的数学韵律

如果我们观察苏州宝带桥的桥孔会发现，从北端数的小拱形成的孔，长度都在 4 米左右有序排列，而到了第 14 孔的时候，桥孔突然"舒展筋骨"变大，孔的跨度一下子来到 6 米以上，第 15 孔更是达到了 6.95 米，这就让宝带桥的第 15 孔成了全桥的视觉高潮。小孔"长大"的原因是为了通行较为高大的船只，满足航运的需求。满足了通航的需求后，工匠们还要让整座桥造型流畅，于是就运用数学韵律给石桥装上了"过渡音阶"，让桥面起伏如乐谱般流畅。

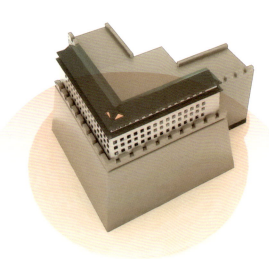

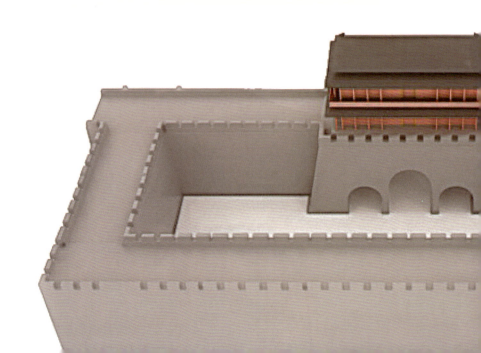

城防奇局

警报！警报！环游器冲入了一片森然壁垒！

高耸的城墙如巨龙盘踞，雉堞如锯齿咬住天际，女墙后的射孔高低错落。突然，瓮城门"轰隆"关闭，如果敌人破门而入，便会被立刻困在瓮城迷阵中，箭雨在空中织成密网，最终面临"瓮中捉鳖"的下场！

环游器掠过垛口，瓮城投影闪现古代攻防战场景，城墙的结构好复杂，建筑组合为何如此复杂？看好你的同伴们，我们的环游器要尽快想办法逃出城防奇局！

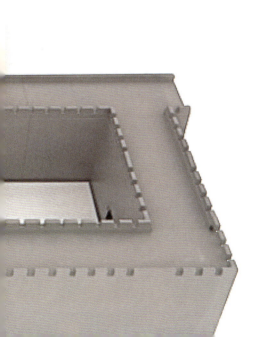

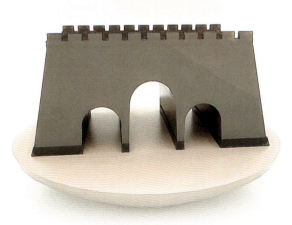

1 城墙是什么?

想象你和小伙伴们组队建了一座梦想之城！城里住着皇帝、官员，还有热闹的街坊邻居。但总有些"敌军"想攻破你们的基地，怎么办？别慌！中国古人发明了一套超酷的"城墙防御系统"！这里有城楼、城门、马面、马道、角楼、垛口，每一个城墙的部位，在千百年的反复实践中，组合成人们所生活的城池。

城墙的故事

诞生期

城墙起源于新石器时代，当人们聚集在一起生活的时候就形成了各个部落，为了保护各自领地，聚落周围出现了抵御外敌的壕沟（记载于仰韶文化和龙山文化中），具有城墙的功能。

后来生产技术逐渐发展，城市出现了，壕沟不能满足防御需求，于是，人们开始向上堆砌墙体，城墙就此诞生。在今湖南省发现的、距今约6000多年的汤家岗遗址，可见与壕沟配合使用的"土堆"。这种围墙形式叫作"环壕土围"，这就是城墙的早期雏形了。

壕沟御敌

壕沟

壕沟防御

成长期

战国时期，各国战争不断，为抵御侵略，燕、赵、魏、秦纷纷筑起各自围墙。秦始皇统一六国后，为了巩固皇权，将燕、赵、秦三国的长城全部连接起来，形成了举世闻名的"万里长城"。汉至唐，城墙体系逐渐完善起来。到唐宋时期，城墙建设已经形成了一定的规范。到了元代，蒙古骑兵自信无人能挡，对城墙疏于维护。所以明代时，朱元璋掀起全国建城浪潮，不管是长城还是城墙，均采用更加坚固的材料和更加完备的技术建造，此时的城墙建造技巧和规模已达到成熟。

战国赵北长城烽燧遗址

落魄期

北京八达岭长城

清代，人们不再建设新的城墙，只对明代遗留的城墙进行补修。鸦片战争后，城墙逐渐失去防御功能。20世纪初，高大的城墙立在城市中，被认为阻碍了城市建设和交通，各个地方开始了城墙的拆除。

1901年的北京正阳门城墙
（选自《小川一真摄影集》）

2 北京城墙时空门

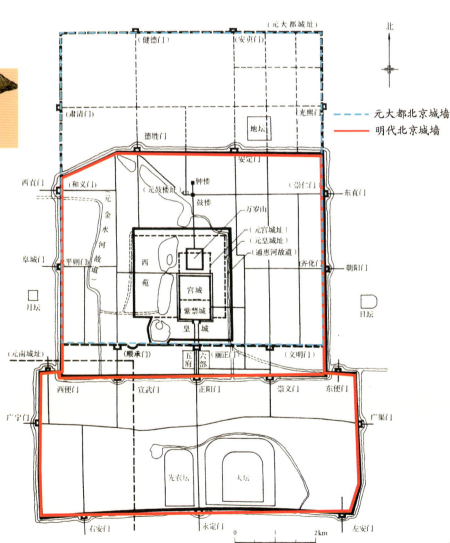

元明北京城发展示意图
（改绘自潘谷西《中国建筑史》）

元大都北京城墙
明代北京城墙

北京城墙怎么来的？

北京位于华北平原的北端，是通向东北平原的关键地区，辽代开始建都，金代正式作为主要都城。

元灭金，元世祖忽必烈放弃金的旧城，以琼华岛一带水面（现在的北海公园）为核心，建造了新城，形成外城、皇城、宫城三城相套的布局方式。

明灭元后，明成祖朱棣迁都北京，在元大都的基础上改建都城。为了便于防守，缩小了大都北面的城墙，后来由于蒙古骑兵作乱，开始加筑外城，于是北京的城墙平面就成了凸字形。

清北京城的规模没有再扩充，主要是在城内建造园林和宫殿。

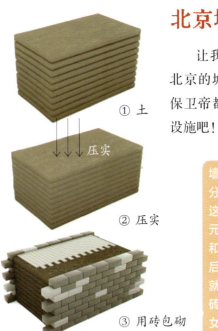

夯土版筑

① 土

压实

② 压实

③ 用砖包砌

夯土版筑示意图

北京城墙有什么?

让我们穿越回过去,站在北京的城墙之上,一起来看看保卫帝都的城墙都有什么防御设施吧!

城墙

墙体

墙体,是城墙最主要的结构,能抵御大部分伤害。城墙建造之初,仅仅用土建造,这种建造方法称为"夯(hāng)土版筑"。元大都城在夯土中使用了"永定柱"(竖柱)和"纤(rèn)柱"(横木)用来加固城墙。后来人们学会了制砖,将砖包在城墙外面,就像穿上了盔甲,明代城墙已经基本都是砖包土城墙。

女墙,指城墙上内外两侧高起的矮墙。内侧叫"宇墙",可防止人跌落,外侧叫"垛墙",墙上有锯齿状缺口称为"垛口",用来射击和瞭望,是会吐箭的"石头刺猬"。

城墙垛口

垛墙

宇墙

女墙

垛口

女墙和垛口

小卡片 女墙:

《辞源》中说,女墙指的是城墙上呈凹凸形的小墙。《释名·释宫室》说:"城上垣,曰睥睨,……亦曰女墙,言其卑小比之于城。"意思是说古代女子卑小,城墙上的小墙因此取"女"与小的意思,称为"女墙"。宋代《营造法式》也有"言其卑小,比之于城若女子之于丈夫"的记载。如今,现代建筑上的女儿墙其实就是由古代的女墙转化而来。

马面

马面是城墙外侧向外突出的方形墩台,用于扩大视野、辅助作战,同时也支撑加固了正面城墙。两个马面之间的距离一般为两个马面上弓箭手射击的距离之和,这样确保射击范围的全面覆盖。

马面

马道

马道是运输物料的斜坡，紧贴城墙向上，坡度可达 15°～30°，有时两条马道相对呈"八"字形。一座城墙中马道的数量要根据城池大小而定。

马道

15°～30°

马道

城门与城楼

城门是设在城墙上的出入口。城门的位置和个数由城内外的交通、城池的防御环境决定，通常会在城池四周开设，一般有 2~14 个城门，一个城门一般包含 1~5 个门洞。城楼是城门上的楼，一般为 1~2 层。它既标志着城门的位置，又可以观察出入城的人。随着明清火器的发展，城楼由开始的木结构改成耐火的砖石材料。如北京城的正阳门城楼，就是砖木结构。如果城楼位于城墙转角处，就成为角楼，它是古代的监控塔，可同时瞭望两个方向的敌情。角楼形式、功能多样，比如北京城墙的东便门角楼像箭楼，可瞭望、可攻击；而故宫的角楼则是战斗功能次于装饰功能。

城门

城楼

城门

角楼

瓮城

瓮城是在城门外建造的一座小城。瓮城可以看作城门的"防弹衣"，敌人攻入瓮城后，城墙上的士兵就可以"瓮中捉鳖"了。

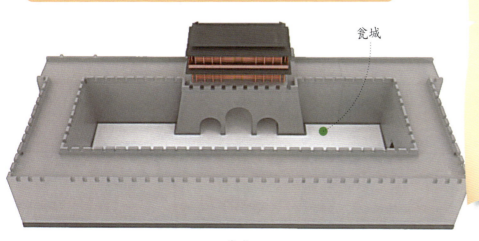

瓮城

瓮城

小卡片 城门

城门 是城池的出入口，也是城墙最易被外敌入侵的部位，因此自古以来对城门的防御便是重中之重。在《墨子·备城门》中，墨子对筑山临攻、钩梯爬城、冲车攻城、云梯攻城、填塞城沟、决水淹城、隧道攻城、穿突城墙、城墙打洞、如蚁一般密集爬城、使用蒙上牛皮的四轮车、使用高耸的轩车的十二种攻城方式进行了说明。

箭楼

箭楼位于瓮城城门之上，朝外的墙上密布箭孔，士兵可以从孔中向外射箭，来保卫城墙。元大都的十一个城门都建造了瓮城。清乾隆年间重修了北京外城瓮城，增建了永定门箭楼。

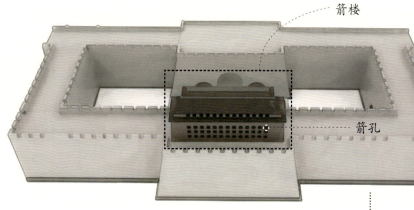

箭楼

北京正阳门箭楼

护城河

护城河是围绕在城墙外的防御河，"城池"中的"池"就是护城河，它和城墙共同构成了城市的防御系统。挖掘护城河的土可以用来砌筑城墙，护城河的水可以用作城内居民生活用水，一举三得！

① 挖河道

② 注水

护城河

在其他城市的城墙上，除了这些主要构成部分，城墙内还有藏兵洞，打仗时可用作士兵休息和存放物资的地方。引水入城需要在城墙上开门，水关即是这些水门上的闸门式建筑，也有运输和交通的作用。

南京中华门城墙上的藏兵洞

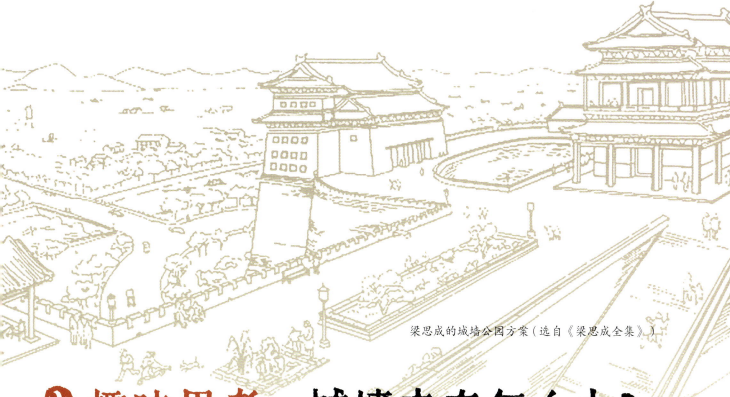

梁思成的城墙公园方案（选自《梁思成全集》）

3 趣味思考：城墙未来怎么办？

古城墙不仅是历史见证者，更在新时代焕发活力。早在 20 世纪 50 年代，建筑学家梁思成就提出将城墙改造为"环城公园"的设想。这一理念如今在西安实现——13.7 公里的明城墙经过科学修复，顶部铺设步行道和自行车道，护城河引入生态水系，成为市民跑步、游客观光的"空中绿廊"。夜晚的城墙借助光影技术重现古场景，箭楼内还开设了主题展览馆。南京城墙则探索"时空折叠"模式：中华门段结合地下博物和云端 AR 导览，让城墙历史动起来；武定门城墙内嵌入了现代书店，砖缝中种植的蕨类植物形成天然空气过滤器。

这些 600 多岁的城墙并未因时代变迁"退休"，反而借助科技持续升级，它们从冷兵器时代的防御巨人，转型为集文化展示、生态保护、休闲娱乐于一体的城市地标，证明历史遗产也能与现代化城市共生共荣。

苏州阊门水陆城门的水城门

第 11 章
古建筑营造所

古建筑营造所

1 古建筑用什么材料？

2 一座古建筑如何建成？

3 趣味思考：为什么古建筑墙倒屋不塌？

远处那是一片热火朝天的工地吗？

没错！你看工匠们正扛着木材高喊劳作口号呢！"嘿呦嘿呦……"夯土的号子声震耳欲聋。

欢迎来到古建筑营造所，这是一片古代工地的中央，工匠们正各司其职：瓦作师傅在屋顶铺瓦，木作匠人对着木头画线，石作大叔用錾子雕刻柱础。

散落在地上的木头构件中放着一幅图，原来是一张泛黄的建造流程图，远处烟雾缭绕中竟浮现出建筑群！拉着同行的小伙伴一起往前走，咱们看看这古建筑营造所到底是怎么回事？

1 古建筑用什么材料？

从新石器时代的夯土台基到明清时期的琉璃殿堂，每块青砖、每片陶瓦、每根梁木都是自然与古人智慧的结晶。木材用榫卯构建力学之美，砖瓦经火淬炼出千年不腐的密实，石材錾（zàn）刻出礼制建筑的庄重轮廓。这些材料不仅是物理载体，更是古代哲学"天人合一"的物化表达——黄土取于大地，木构承天接地，瓦作顺应雨水，形成与自然共呼吸的生态营造体系。解码古建筑材料中的基因密码，既是触摸中华建筑文明内核的钥匙，也为当代遗产保护提供了科学依据。

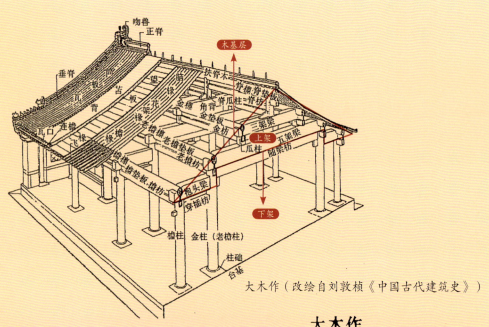

大木作（改绘自刘敦桢《中国古代建筑史》）

木质材料

木材是古建筑的主要材料，它既可以做成柱子、梁等撑起整座古建筑，又可以做成门窗、栏杆等小型构件来装饰建筑，根据功能不同，分为大木作和小木作。

外檐装修

大木作

大木作指的是能撑起整座古建筑的大型结构，按照位置从下往上是下架、斗拱、上架、木基层。下架以柱子为主，上架主要有梁、枋、檩等，木基层主要有椽子、望板等。

小木作

小木作指的是门窗等这些辅助或装饰的小构件，分为外檐装修和内檐装修。外檐装修有室外的门、窗、栏杆等；内檐装修就是室内的装修，有房间隔断的花罩子、天花藻井、博古格等。

内檐装修

墙身的石材

土质材料

以土为制作原材料的建筑构件有各种砖和瓦。

砖

砖在古建筑中应用广泛，主要用于台基和墙体。

小知识 台明与埋深

台基有露出地面的部分，叫作台明，还有一部分是藏在地面以下，平时我们看不到，叫作埋深。

颐和园大戏楼看戏廊砖石台基

瓦

瓦主要用在屋顶。

琉璃瓦：表面施釉的彩色瓦叫琉璃瓦。在古代，只有皇家建筑才能使用琉璃瓦。清代琉璃瓦的使用有严格规定，只有皇家宫殿、坛庙、陵墓才能用黄色琉璃瓦，亲王、世子、郡王只能用绿色琉璃瓦，蓝色的则在与天有关的建筑上多见。

砖墙砌筑

布瓦：颜色呈深灰色的黏土瓦叫作布瓦。根据做法不同，可分为筒瓦屋面、合瓦屋面、干槎瓦屋面等。

雍和宫建筑群

爨底下传统村落

石质材料

石材坚硬、耐用，人们用它来承重，放在建筑下半部容易潮湿的地方，比如台基和墙体。

台基

石材多被用在台基的外表面，比如上面的阶条石、下面的土衬石、转角的埋头石、一圈的陡板石等。

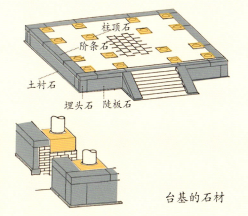

柱顶石
阶条石
土衬石
埋头石 陡板石

台基的石材

墙体

墙体中的石材被用在墙体与墙体、墙体与屋面交接的薄弱部位，这也是为了让建筑更加牢固。比如在墙体腰线的位置用石头，可以防止潮气上升。

小知识 柱顶石

在一座建筑里，柱子是撑起整个建筑的受力点，所以在柱子下面，要靠一块叫柱顶石的石头支撑，这样才能将屋顶的重量一直向下传递给大地。此外，柱顶石还发挥着隔潮和装饰的作用。

2 一座古建筑如何建成？

4 油饰彩画

建筑建好等木头晾干后，就该上色啦！对木构件涂饰地仗层，之后可以选择刷油饰或绘制彩画，除了具有防虫防潮保护木构件的作用外，还起到装饰及显示建筑等级的作用。

打地仗：工人会将裸露的木头用斧头剁粗糙，让一层厚厚的油灰等材料能够挂在木头表面，这层"油灰外衣"，是为了让木头隔绝阳光、风雨的侵蚀，也能在油灰上做色彩装饰。

油饰彩画：油饰指在地仗之上叠加颜料光油层，主要是为了防腐。常见的油饰颜色有宫殿建筑中的朱红色，民居的栗壳色等。彩画指在地仗之上绘制图案，皇家建筑的彩画有严格的等级体系，大类可分为和玺、旋子、苏式三种彩画，不过在非国都的其他地方，彩画样式就各显神通了。

2 立屋身

古建筑有"墙倒屋不塌"的说法，屋身有承重的木构架和用以围护的墙体两部分。木构架就是支撑建筑的骨骼，包括柱子、梁、枋、斗拱等构件。

加工木材：在立构架之前，工匠先用丈杆确定各构件尺寸后，用锯、刨、凿这些工具加工木材，使其变成可以使用的木构件。

立构架：安装所有的木构架前，要先在地面上试装，检查构件是否合格，之后再按照先内后外、先下后上的顺序将整个木构架立起来。

砖的处理：砌墙开始前要先选砖，选用不缺棱、不缺角、不带暗裂、无变形的砖作为砌墙的主要材料。接着将砖材表面打磨平整，如果需要小的砖块还需砍砖，以方便墙体砌筑。

砌墙：砌墙时，先确定墙体位置，接着从下往上砌，内外层要同时砌筑，在墙体内外层中间可以填碎砖，灌灰浆，来使墙体牢固。当然也要不断清理墙面，修补缺陷。用砖砌完后，还要在砖墙外皮抹灰，这是为了让墙有更好的抗雨水冲刷性能。

3 盖屋顶

铺瓦：灰泥层完成后，就该铺瓦了，先铺底瓦，再铺盖瓦，两瓦之间的缝隙还是会涂抹灰泥，防止漏雨。

屋顶是古建筑的帽子，非常重的帽子扣在木构架上，在一定程度上增加了建筑的稳固性。中国的古建筑都有大出檐，这是为了保护墙面免受雨水冲刷，但是屋檐太大又会影响采光和屋顶排水，所以屋檐做成微微起翘的样子，古人称其为"如翚斯飞"。

铺灰泥：在望板的上面再铺灰泥层，工人可以借助灰泥的厚度调整屋顶的曲线，也能让屋顶有保暖防雨的功能。为了增加灰泥之间的"团结力量"，工人们会在灰泥中加麻这种植物纤维。

铺椽和板：屋顶的制作要附着在木构架之上，在梁和檩上依次铺椽子、望板（或望砖），组成屋顶的基底。

1 打地基

"万丈高楼平地起，打好基础是关键"。地基就像是植物的根系，承托整座建筑，预防潮气和雨水，增加美观并体现等级，故宫太和殿的三层须弥座台基就是典范。

打地基第一步是将原有的自然土挖去，用卵石、碎砖、黏土、灰土等建造坚实的地基，接着用硪、夯等工具将每一层都分层夯实。为了使地基的土层更加有黏性，工人会洒下糯米汁作为地基的黏结剂。

3 趣味思考：为什么古建筑墙倒屋不塌？

中国古代建筑有"墙倒屋不塌"的说法，你有想过其中的原因吗？其实古建筑的墙和木结构是分开的，墙只起围护作用，而真正起承重作用的是木构架。

木构架通过榫卯、斗拱等独特构造实现"以柔克刚"，在巨大外力冲击下，通过木构件内部摇晃，消耗掉大部分的变形，轻松"通关"。

木构架案例

木构架：独立承重的"柔性骨骼"

木构架就是支撑建筑的骨骼，柱子、梁、枋等构件通过榫卯咬合，组成一个完整的木构架。而墙体就像穿在骨骼外的"衣服"，负责挡风遮雨。即使"衣服"破了（墙体倒塌），只要"骨骼"完好，屋顶依然稳稳当当！

榫卯：变形吸能的"智慧关节"

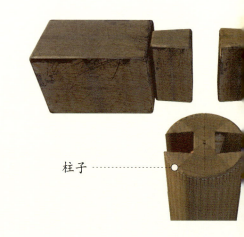

柱子 ·············

斗拱：减震与能量传递的"弹簧层"

　　斗拱是屋顶和柱子之间的过渡神器！它由斗（方形木块）和拱（弧形木条）层层叠加而成。它通过增加受力面积，使大屋顶的重量均匀分布在建筑木构件上。同时，它们在纵向上承接屋檐传递的重量，横向又拉结左右的梁枋，因此在地震、大风等的侵袭下，可以通过斗拱间的相互作用，抵消变形。

斗拱实例

昂

拱

斗

斗拱结构构件示意图

　　榫卯是古建筑木构件连接的独特之处！凸出的榫头和凹进的卯眼严丝合缝，让木头"手拉手"组成整体。更厉害的是，榫卯之间留有微小缝隙，木材热胀冷缩时能自由伸缩，避免开裂；同时古建筑在外力作用下剧烈晃动时，也留有余地，屹立不倒。

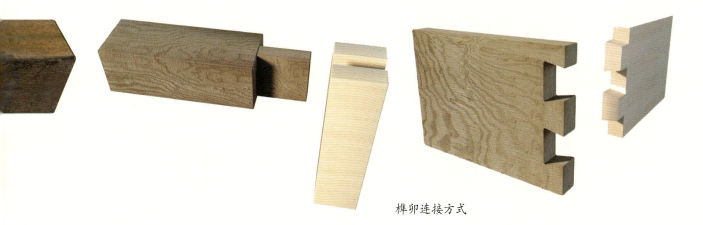

榫卯连接方式

第 12 章
拯救古建筑计划

拯救古建筑计划

1 为什么要保护古建筑？
2 文物体检——文物普查
3 北京中轴线——中国理想都城秩序的杰作

雷达罗盘让我们的环游器降落，显示这里是最后一站的任务了！

走出环游器原来这里是一片北京的历史街区，我们回到现代了！设计师正用 3D 打印技术复原破损的砖雕，旁边的平板电脑显示着"保护与更新"的规划设计图，他们打算让胡同里的古建筑焕发新的生机。既要想办法装暖气、通管道，让居民的生活有品质，也要让古建筑"活"下去！这可是个难题啊！

北京城的中轴线变成建筑模型升上天空，化作我们最初遇见的环游器罗盘——原来，这场古建环游记的起点，也正是终点。

留给我们最后的问题：保护古建筑，我们还能做什么？
欢迎你的加入——拯救古建筑计划！

1 为什么要保护古建筑？

你有没有走进过一座古老的建筑，比如北京的故宫、苏州的园林、山西的平遥古城，甚至是你家乡的一座老庙、古桥？这些古建筑不仅是"老房子"，它们更像是一本本"活的历史书"，记录着过去的人们如何生活、建筑技术如何发展、社会文化如何变化。因此，保护古建筑并不是单纯地留下一些砖瓦，而是保护我们的历史、文化和智慧。

故宫博物院

古建筑是历史的见证者

想象一下，如果没有长城，我们如何直观地感受到古代边防的艰辛？如果没有紫禁城，我们又怎么知道明清皇帝们的宫廷生活是什么样的？每一座古建筑，都像是一粒"时间胶囊"，它们承载着历史故事，帮助我们了解过去。

十三陵

古建筑反映了独特的建筑智慧

中国的古建筑结构非常独特，比如榫卯（sǔn mǎo）结构——一种不用钉子就能把木头拼接在一起的技术，这种工艺让很多古建筑即使经历了地震也能保持稳定。

再比如苏州园林，它们不仅美观，还利用了独特的借景、漏景、框景等设计，让人在小小的空间里每换一个位置，眼前就会出现不同的景色。

这些技术不仅是过去的智慧，还能启发今天的建筑设计，比如现代许多环保建筑，就借鉴了古代建筑利用自然通风、节能采光的理念。

应县木塔上的斗拱

拙政园

在古建筑里学习的小朋友

保护古建筑就是保护文化认同感

一个城市的特色，往往就体现在它的古建筑中。想象一下，如果中国所有的城市都只剩下高楼大厦，去哪里还能找到真正属于我们自己的文化特色呢？这些建筑不仅是房子，更是我们文化身份的一部分。如果这些建筑消失，我们的文化认同感也会变得模糊。

保护古建筑，也是保护旅游资源和经济

很多地方的古建筑不仅是文化遗产，还是吸引游客的重要资源，比如北京故宫、敦煌莫高窟、平遥古城每年都会吸引数以万计的游客。这些游客不仅是来看风景，也是在消费当地的文化，这就会带动经济发展。如果这些古建筑被破坏，就等于失去了一个重要的经济增长点。

天坛祈年殿

2 文物体检
——文物普查

文物普查是什么？

文物普查就像是给全国的文物做"大体检"，它的目的是全面统计、记录和评估全国的文物情况，从而更好地保护它们。简单来说，就是国家组织专家去各地查找、登记、分类、评估所有的历史遗迹、古建筑、出土文物等，并把这些信息录入数据库，确保每一件有价值的文物都能被妥善管理和保护。

中国已经完成了三次全国性的文物普查，正在进行第四次文物普查。

· 第一次（1956—1959 年），主要是摸清全国有多少重要的文物。

· 第二次（1981—1985 年），对第一次的普查结果做补充和更新。

· 第三次（2007—2011 年），这次普查更详细，使用了卫星定位、无人机测绘等高科技手段，对每一处文物都做了精准定位和评估。

· 第四次（2023—至今），基于前三次普查，这次普查是为了建立国家不可移动文物资源总目录和资源大数据库，建立文物资源资产动态管理机制。

文物是怎么分类的？

在文物普查中，文物一般分成两大类：不可移动文物和可移动文物。

不可移动文物

古遗址：史前的村落遗址，比如半坡遗址、良渚遗址。

古墓葬：比如秦始皇陵、明十三陵。

古建筑：比如北京故宫、平遥古城、苏州园林。

石窟和雕刻：比如敦煌莫高窟、重庆大足石刻。

近现代重要史迹及代表性建筑：比如人民英雄纪念碑、南京总统府。

可移动文物

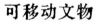

青铜器、陶瓷、玉器：比如三星堆的青铜大立人、唐三彩。

书画、古籍：比如《步辇图》《清明上河图》

钱币、印章：比如秦半两、清代的官印。

其他文物：古代兵器、服饰、乐器等。

文物普查有什么作用？

首先，文物普查可以摸清家底，知道哪些文物需要重点保护。就像医生需要知道一个人有哪些病史，文物普查让国家知道哪些文物已经破损，需要抢救性修复。

其次，这是防止文物被盗或丢失的有效手段。通过建立数据库，把每一件文物的信息记录下来，防止它们被非法买卖或走私。

从学术角度来讲，文物普查可以为研究和教学提供数据。文物普查收集到的信息可以帮助历史学家、考古学家进行研究，也可以为博物馆展览、学校教育提供资料。

3 北京中轴线
——中国理想都城秩序的杰作

北京中轴线，宛如一把超长的尺子，将北京城精准丈量。它全长约 7.8 公里，从最南端的永定门一直延伸到北边的钟鼓楼，宛如一条项链，串起了 15 颗璀璨的文化明珠。北京中轴线历经超过七个世纪的发展后，形成了一条以城市建筑为主的景观轴线，它承载着北京这座古城的深厚底蕴，也展现着北京这座现代城市的当代风华！2024 年 7 月 27 日，它以"北京中轴线——中国理想都城秩序的杰作"之名被列入世界文化遗产名录，成为中国第 59 处世界遗产。

为什么北京中轴线是中国理想都城秩序的杰作？

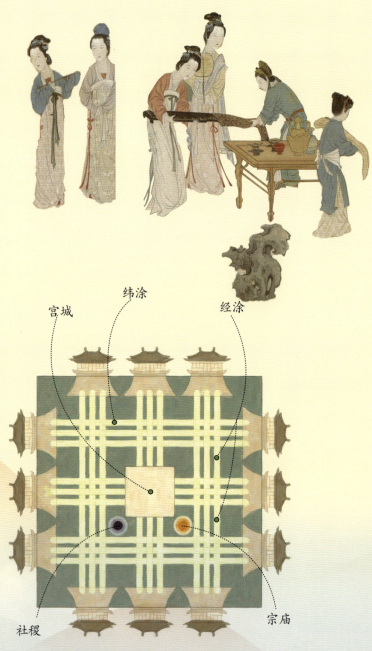

理想的周王城平面图

> **小知识 匠人营国**
> "匠人营国，方九里，旁三门。国中九经九纬，经涂九轨。左祖右社，前朝后市……"

景山远眺北京中轴线

《周礼·考工记》中讲到的"匠人营国"理念，是中国古代都城规划的理论基石。如今的北京中轴线城市景观坐落在元大都和明清北京城的基础之上，我们如果将目光聚焦于元大都会发现这座城市在严格遵循"匠人营国"理念。元大都建设四周方正，除北面外，每边均设三座城门；在皇宫的左边有太庙，用于祭祖，皇宫的右边有社稷坛，用于祭祀社稷，体现了对祖先和江山社稷的崇敬，这正是"左祖右社"；而北京内城的前面（南面）安排处理朝政的宫殿、政府建筑，而老百姓生活的市场和商业区则被安排在后面（北面）区域，此为"前朝后市"。而如今的北京中轴线，彰显的正是以元大都和明清北京城为代表的中国古代城市规划的智慧与秩序。

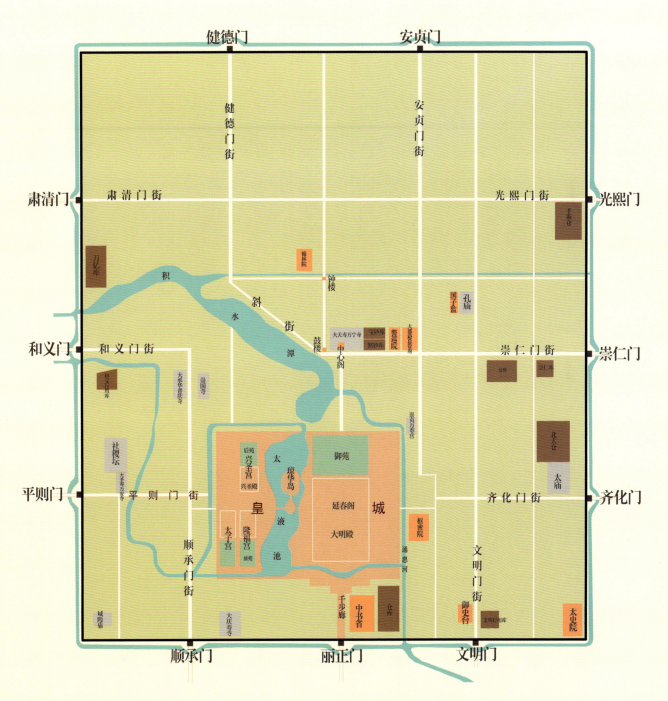

元大都（至正年间）平面示意图

中轴明珠

北京中轴线作为世界遗产，分为遗产区和缓冲区。遗产区主要包括15处遗产点，这15处遗产点由古代皇家宫苑建筑、皇家祭祀建筑、城市管理设施、国家礼仪和公共建筑、居中道路遗存五类组成。

钟鼓楼：明清时期北京城的报时中心，位于北京中轴线的最北端。钟楼在北，为一座砖石建筑，鼓楼在南，是一座木结构三重檐楼建筑。20世纪80年代后期，钟鼓楼向公众开放，如今登上鼓楼，可向南望北京中轴线。

万宁桥：始建于元代至元二十二年（1285年），是中轴线上现存最早的建筑，最初是一座木构桥，后改为石砌桥，桥西侧有一水闸名为澄清上闸，在桥四角的雁翅上均设镇水兽以避水患。

 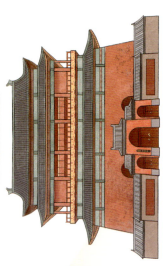

① 钟鼓楼

② 万宁桥

景山：在紫禁城的北面，山体最高峰离地面45.7米，是中轴线的制高点，具有承前启后的景观作用。景山作为明清时期的皇家御苑，满足了皇家登高望远的功能需求，与紫禁城南北相邻，实则是延续了古代都城紫禁城御苑拱卫皇家御苑的布局。

④ 故宫

故宫：始建于明永乐四年（1406年），是故宫现存的宫城，如今是世界上现存规模最大、保存最完整的木质结构古建筑群。故宫的建筑布局，凸显出帝王至高无上的威严。

端门：位于天安门与故宫午门之间，建筑结构及风格与天安门相似，在明清两代，这里主要存放皇帝所用的仪仗。

⑤ 端门

⑦ 太庙

太庙：明清两代皇帝祖先的场所，位于紫禁城的东南角，是皇家重要象征，承载着丰富的历史文化内涵。

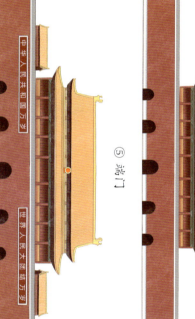

⑧ 天安门

天安门：明清两代皇城的正门，天安门不仅是皇家建筑，也是治国的场所，见证了2000多年封建王朝的结束，也见证了中华人民共和国的诞生。

⑥ 社稷坛

社稷坛：明清两代皇帝祭祀土地神、五谷神，国泰民安的地方，位于太庙左右对称布局，与太庙作为公园向社会公众的转变。1914年社稷坛作为公园向社会公众开放，开启了北京中轴线向社会公众化的转变。

⑨ 外金水桥

外金水桥：位于天安门前，自明代至今具有重要的礼仪作用，明清时皇帝专用，御路桥左右为王公桥，三品以上大臣可通行。还有两座为公生桥，位于太庙、社稷坛门前。

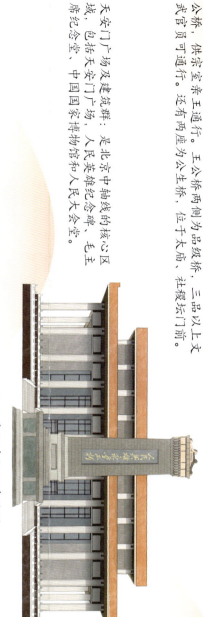

⑩ 天安门广场及建筑群

天安门广场及建筑群：是北京中轴线的核心区域，有人民英雄纪念碑、毛主席纪念堂、中国国家博物馆和人民大会堂。

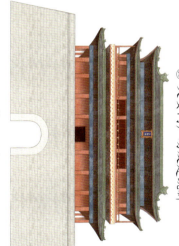

⑪ 正阳门

正阳门：由城楼和箭楼组成，是明清两代最大的古代城门，在北京内城九门中，正阳门是最宏大、等级最高的一座城门。现存正阳门前有箭楼和正阳门前门楼。

⑫ 先农坛

先农坛：是明清两代皇帝祭祀先农神，举行亲耕礼的地方，与天坛沿中轴线东西相对。先农坛为春耕而用。如今先农坛内设北京古代建筑博物馆，游客络绎不绝。

⑬ 天坛

天坛：明清两代皇帝祭天、祈谷和祈雨的场所，是中国现存最大的古代祭祀建筑群，由内坛和外坛两大区域构成。天坛的选址体现了古代"南郊祭天"的思想，以其独特的回音壁、三音石等建筑闻名于世。色琉璃瓦屋顶和建筑的蓝绿，三音石也展示了古代建筑的魅力。

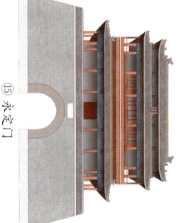

⑮ 永定门

⑭ 南段道路遗存

南段道路遗存：中轴线南段道路遗存分为若干处，位于正阳门至永定门的居中道路上，北京中轴线南段从永定门到永定门中道路遗存是古代的公共之路（见《康熙南巡图》）。现有考古资料证明，这段居中道路自明嘉靖时期以来一直在沿用，它是中轴线上明清帝祀路线活动的有力见证。

永定门：是北京中轴线的南大门，具有重要的标志性意义，是明清时期进出北京外城的重要通道。永定门始建于明嘉靖三十二年（1553年），现存的永定门为2005年复建完成。

雍正帝祭先农坛图

京师生春诗意图

北京中轴线上的"中和"之道

中国古人讲究"中和"，他们通过测量太阳的影子，确定时间节令和空间方位，形成了"中"为尊的观念。"中"就是看得见的秩序，大家都要守规矩，按秩序来；"和"是价值追求，万事万物都要和谐相处，这些都是用"礼"来规范和实现，正所谓"礼之用，和为贵"。

北京中轴线居中而建，把城市分成了对称的两边，体现了"中"的秩序。各种建筑的功能安排得也很和谐，有祭祀的、有办公的、有居住的，大家都各安其位，共同构成了一个和谐统一的城市景观。这种布局不仅体现了古代严谨的都城规划设计，更蕴含着古人对社会秩序和人际关系的深刻理解。

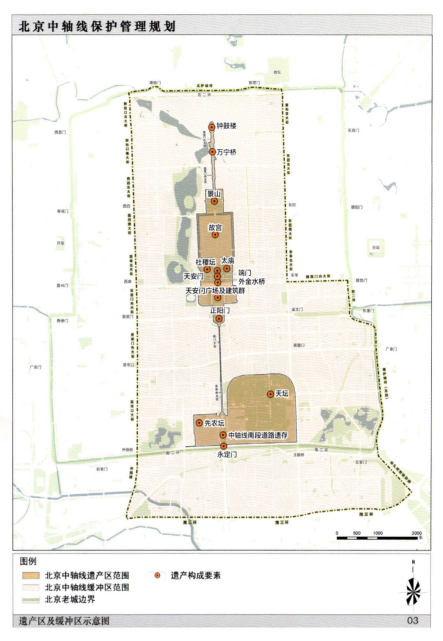

北京中轴线遗产区与缓冲区示意图（源自 北京中轴线保护管理规划）

北京中轴线的申遗成功不是结束，而是开始。北京中轴线如今和未来都是北京城市文化活动的大舞台，每年围绕中轴线都在举办各种展览、演出、民俗活动等，它已经不再单纯地作为历史遗迹，而是大家都能参与和互动的文化空间。现在我们已经应用了数字化技术来保护和展示它，让大家可以身临其境地感受中轴线的历史变迁和价值内涵。未来的中轴线也会继续发光发热，带领更多的伙伴们享受文化遗产的独特魅力！

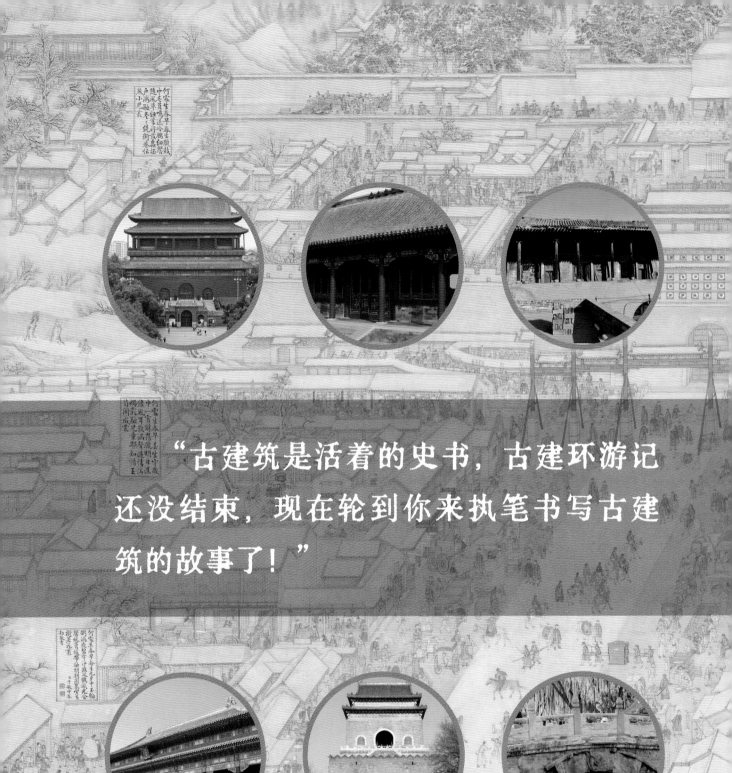

"古建筑是活着的史书，古建环游记还没结束，现在轮到你来执笔书写古建筑的故事了！"

THE GREAT

CHINESE
ARCHITECTURE

中国古建筑遗产

研学手册

我的第一本
研学手册

我的名字_____

古建奇谈
古建
环游记

在黄土崖或陡坡上向内挖洞

挖成横向洞穴，形成"横穴"

断崖上的横穴

坡地上的横穴

扎结成形的活动顶盖——屋的萌芽

枝叶、茅草的临时遮掩

袋形竖穴

袋形竖穴

建筑是人类趋避风雨寒暑及虫兽侵害的栖身之所。当天然洞穴无法满足栖息需求时，人们开始自己动手建造居所，穴居、巢居等原始建筑由此诞生

独木巢居

一开始，人们只掌握在一棵树上搭房子的技能，后人将这种形式叫"独木巢居"。

后来，人们发现在几棵树之间搭房子，空间会更大，住起来更舒服，于是就有了"多木巢居"。

多木巢居

闯关小游戏
中国古建筑屋顶样式有哪些?

四角攒尖顶

庑殿顶

歇山顶

硬山顶

悬山顶

（拿出贴纸贴一贴）

> 中国古建筑屋顶可分为以下几种形式：庑殿顶、歇山顶、悬山顶、硬山顶、攒尖顶、盝顶等。等级最高的是庑殿顶；等级次于庑殿顶的是歇山顶。

说起秦代,你想起的是什么建筑?

秦汉之际,华夏民族进入天下一统的封建帝国时代,秦朝存在时间虽然短暂,但它所创造的宏伟建筑业绩却给中国古代建筑带来了巨大的脉冲。随后的汉代建筑得到全面蓬勃的发展,无论是建筑成就或给予后世的影响,都为中国建筑史上留下光辉的一页……

说起秦代,你想起的是什么建筑?

你还知道哪些秦汉时的故事?

闯关小游戏
中国园林中的建筑有哪些？

（拿出贴纸贴一贴）

亭

亭子在园林中的运用最为广泛，它是可以让人们获得短暂休息的场所。

台

台在园林中大多指月台或露台，可以让人们在此进行纳凉、赏景、钓鱼等活动。

楼

楼是建在地面上的高层建筑，楼的平面较为狭长，一般在两侧开窗，人们可以登楼俯瞰景色。

阁

阁的平面多为正方形，在四面都开窗，而且通常四周都有挑出的栏杆回廊。在中国传统建筑中既有高层阁，也有单层阁。

历程
隋唐气韵
(距今约1400年)

该时期的建筑技术首先体现在造桥梁方面，典型的例子就是

赵州桥

赵州桥是当下现存最早、保存最完善的古代敞肩石拱桥。它比国外相同原理建造的桥梁要早上数百年

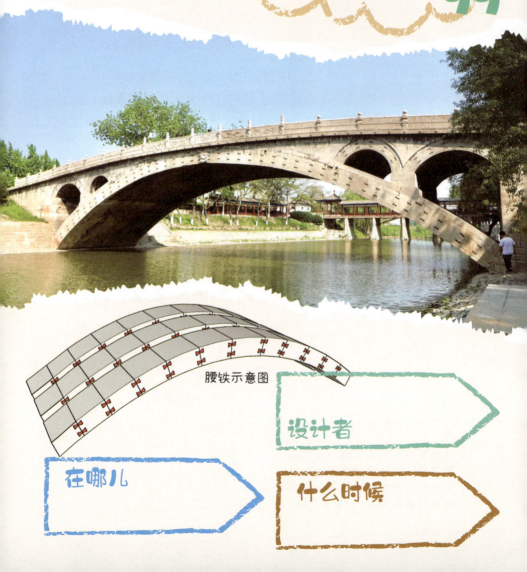

腰铁示意图

设计者

在哪儿

什么时候

小朋友，我们能通过哪些特点来判定佛光寺是一座唐代建筑呢？

西立面 WEST ELEVATION

寻找佛光寺！

佛光寺大殿

有人说，如果在中国只看一座古建筑，那必须是佛光寺。而让它"重见天日"的就是梁思成和林徽因。至此，中国不存在唐代木构建筑的说法被推翻。

历程
宋元新风
(距今约1000-700年)

"

应县木塔 中国第一木塔

佛宫寺释迦塔，俗称应县木塔。世界现存最古老最高大的木构塔式建筑。应县木塔底层呈平面八角形。耗红松木3000立方米、2600多吨，纯木结构，无钉无铆。

"

在哪儿？

有多高？

多少层？
多少暗层？

佛宫寺释迦塔

大胆继承了汉、唐以来富有民族特点的重楼形式，充分利用了传统建筑技巧。

广泛采用斗拱结构，全塔共用斗拱 _____ 种，世界三大奇塔分别是

紫禁迷城

（拿出贴纸贴一贴）

东北角楼

西北角楼

神武门

书斋园

皇极殿

九龙壁

慈宁花园

景阳宫

永和宫

延禧宫

奉先殿

钟粹宫

承乾宫

景仁宫

御花园

乾清宫

坤宁宫

交泰殿

储秀宫

永寿宫

军机处

咸福宫

养心殿

隆宗门

慈宁宫

建福宫花园

雨花园

中轴明珠

（拿出贴纸贴一贴）

① 钟鼓楼

② 万宁桥

由北向南

③ 景山

④ 故宫

⑥ 社稷坛

⑤ 端门

⑦ 太庙

⑧ 天安门

⑨ 外金水桥

⑩ 天安门广场及建筑群

⑪ 正阳门

⑫ 先农坛

⑬ 天坛

⑭ 南段道路遗存

⑮ 永定门

斗拱

拆拆拆

昂 - - - - - ○

拱 - - - - - ○

斗 - - - - - ○

（拿出贴纸贴一贴）

五脊六兽

一龙二凤三狮子，海马天马六狎鱼
狻猊獬豸九斗牛，最后行什像个猴

仙人 xiān rén

龙 lóng

凤 fèng

狮子 shī zi

海马 hǎi mǎ

天马 tiān mǎ

狎鱼 xiá yú

狻猊 suān ní

獬豸 xiè zhì

斗牛 dòu niú

行什 háng shí